JOYDIP PAUL

Termodinâmica da Solidificação de Ligas Binárias

JOYDIP PAUL

Termodinâmica da Solidificação de Ligas Binárias

ScienciaScripts

Cover image: www.ingimage.com

This book is a translation from the original published under ISBN 978-620-8-42280-6.

Publisher:
Sciencia Scripts
is a trademark of
Dodo Books Indian Ocean Ltd. and OmniScriptum S.R.L publishing group

120 High Road, East Finchley, London, N2 9ED, United Kingdom
Str. Armeneasca 28/1, office 1, Chisinau MD-2012, Republic of Moldova, Europe
Managing Directors: Ieva Konstantinova, Victoria Ursu
info@omniscriptum.com

Printed at: see last page
ISBN: 978-620-8-64724-7

Termodinâmica da Solidificação de Ligas Binárias

por

Joydip Paul

ÍNDICE

1. Antecedentes

O estado estável para cada composição de um sistema de dois componentes (binário) sob temperatura e pressão constantes é aquele com o valor mais baixo de energia livre de Gibbs. A estabilidade das fases pode, portanto, ser determinada a partir do conhecimento das flutuações da energia livre de Gibbs das várias fases possíveis com a composição e a temperatura num sistema apresentado num diagrama de fase binário isobárico de temperatura versus composição.

Uma solução líquida acabará por arrefecer até à temperatura de liquidus, altura em que uma fase sólida começará a separar-se da solução líquida. Esta fase sólida pode ser constituída por um componente quase puro, uma solução sólida com uma composição semelhante ou diferente da do líquido, ou um complexo químico criado pela reação de dois ou mais componentes. A composição da fase sólida que está em equilíbrio com a solução líquida em cada um destes cenários é aquela que minimiza a energia livre de Gibbs do sistema. A energia livre de Gibbs dos estados líquidos é menor do que a de qualquer fase concebível do estado sólido se as soluções líquidas forem estáveis em toda a gama de composição. Por outro lado, a energia livre de Gibbs dos estados sólidos é sempre inferior à das fases do estado líquido se a temperatura do sistema for inferior à temperatura de solidus mais baixa.

Muitos investigadores realizaram diferentes estudos nesta área que permitiram compreender o diagrama de fases durante a solidificação, a segregação micro-macro, a taxa de solidificação, a cinética de crescimento, etc. Galenko et al. [1] desenvolveram um modelo para o crescimento dendrítico rápido em ligas, analisando a influência do potencial químico e da relaxação de tensões. Wilson et al. desenvolveram um modelo linear para a solidificação de uma liga binária diluída, comparando-o com uma solução explícita de Rubinstein para um problema do tipo Stefan. Zhao et al. [2] realizaram uma investigação sobre ligas eutécticas, centrando-se em soluções sólidas metaestáveis cristalizadas sem partição, proporcionando uma compreensão abrangente das propriedades termodinâmicas destas ligas. Wang et al. [3] utilizam a modelação por campo de fase para analisar a evolução da microestrutura e a cinética da interface, revendo os princípios termodinâmicos e os recentes avanços na solidificação isotérmica de ligas binárias. Salhoumi e Galenko [4], e Laxmanan [5] derivaram uma condição de Gibbs-Thomson para interfaces em movimento rápido em sistemas binários e para a cinética de solidificação em estruturas dendríticas. O estudo de Alexandrov et al. [6] sobre o crescimento de dendrite numa mistura binária em condições não isotérmicas explora os efeitos da estabilidade, solubilidade e anisotropia, revelando o crescimento de dendrite em forma de agulha. Além disso, Alexandrov e Galenko [7] desenvolveram uma abordagem integral de fronteira para interfaces an-isotrópicas rápidas em misturas binárias não isotérmicas sob solidificação, reescrevendo problemas termoquímicos e provando serem válidos e aplicáveis. Xu et al. [8] estudaram os mecanismos de refinamento da microestrutura na solidificação sob arrefecimento de ligas binárias e ternárias à base de níquel. Verificaram que os mecanismos de refinamento do grão eram semelhantes aos das ligas Ni-Cu, com a refusão de dendrite a conduzir ao refinamento do grão a baixo arrefecimento. A adição de vestígios de Co melhorou a dureza da microestrutura de grão refinado. Boettinger et al. [9] discutem uma função de resposta para a temperatura da interface durante o aprisionamento de soluto, abordando a termodinâmica, a teoria da estabilidade e as condições de solidificação sem micro-segregação em ligas Ag-Cu. Um modelo cinético alargado para a solidificação de ligas binárias é desenvolvido por LI et al. [10], considerando correlações termodinâmicas e cinéticas. Encontraram quatro correlações potenciais e melhoraram a concordância com os dados experimentais para a liga Ni-0,7at.%B.

Nesta secção foi visto que, durante a solidificação de ligas binárias, podemos analisar os efeitos da energia livre de Gibbs [21], crescimento dendrítico [20], cinética de solidificação [17], mecanismos de refinamento da microestrutura [18]. Nas próximas secções iremos discutir as propriedades térmicas e o comportamento durante a solidificação de ligas binárias e as aplicações deste fenómeno.

2. Energia livre de Gibbs e Helmholtz durante a solidificação

A maior quantidade de trabalho reversível que pode ser extraída de um determinado sistema é conhecida como energia livre de Gibbs. Esta energia livre de Gibbs deve ser calculada com o sistema a pressão e temperatura constantes. A energia livre de Gibbs é indicada pela letra *G*. É possível determinar se uma reação química é espontânea ou não utilizando a energia livre de Gibbs. A energia livre de Gibbs é calculada a partir da unidade SI J (Joules). A energia livre de Gibbs indica a quantidade máxima de trabalho realizado por um sistema fechado em vez de expandir o sistema. A energia real que se enquadra nesta definição pode ser obtida quando se considera o processo reversível. A energia livre de Gibbs é sempre calculada como a variação de energia. Esta é dada como ΔG. É igual à diferença entre a energia inicial e a energia final. A equação da energia livre de Gibbs pode ser dada como

$$G = U - TS + PV$$

G é a energia livre de Gibbs,

U é a energia interna do sistema

T é a temperatura absoluta do sistema

V é o volume final do sistema

P é a pressão absoluta do sistema

S é a entropia final do sistema

No entanto, a entalpia do sistema é igual à sua energia interna mais o resultado da multiplicação da pressão pelo volume. Depois disso, a equação acima pode ser alterada como mostrado abaixo.

$$G = H - TS$$

$$\Rightarrow \Delta G = \Delta H - T\Delta S \quad (1)$$

Para além disso, a capacidade de um sistema fechado para realizar "trabalho útil" é conhecida como a Energia Livre de Helmholtz. A definição desta frase é para um volume e temperatura constantes. Hermann von Helmholtz, um cientista alemão, criou a ideia. A equação abaixo contém este termo.

$A = U - TS$

$\Rightarrow \Delta A = \Delta U - T\Delta S$

(2)

Assim, podemos dizer que o trabalho máximo reversível que um determinado sistema pode produzir é a definição da energia livre de Gibbs. O cálculo da energia livre de Gibbs é efectuado para sistemas com pressão e temperatura constantes. E o "trabalho útil" obtido por um sistema fechado é definido como a Energia Livre de Helmholtz. O cálculo da energia livre de Helmholtz é efectuado para sistemas com volume e temperatura constantes. Uma vez que os processos de solidificação ocorrem frequentemente em ambientes com pressão e temperatura constantes, a energia livre de Gibbs é um parâmetro termodinâmico mais útil. E a energia livre de Gibbs é normalmente utilizada pelos investigadores para prever as circunstâncias que conduzirão à solidificação e para ajustar os procedimentos em conformidade.

2.1 Energia Livre Mínima no Equilíbrio

O critério de equilíbrio é:$(dG)_{T,P} = 0$ ou, $(\Delta G)_{T,P} = 0$

E para um processo irreversível, o critério de viabilidade desse processo é,

$(dG)_{T,P} < 0$ ou, $(\Delta G)_{T,P} < 0$

Além disso, um processo que não é exequível e que, tendo em conta que se deslocaria para trás ou para trás, o critério será:$(dG)_{T,P} > 0$ ou, $(\Delta G)_{T,P} > 0$

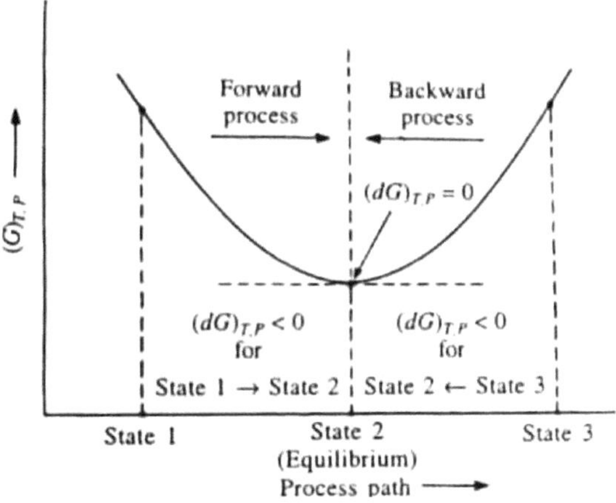

Fig.-1: Critérios de energia livre mínima para o equilíbrio [15]

O sistema tenderia para o estado 2, quer pela esquerda quer pela direita, como ilustra a fig.-1. Uma vez que o estado 2 está no estado mínimo, $(dG)_{T,P} = 0$. O estado de equilíbrio de um sistema é procurado utilizando a técnica de minimização da energia livre, que se baseia na fig.-1. Este é o procedimento padrão para calcular o equilíbrio complicado. A fig.-1 é bidimensional. No caso tridimensional, $(G)_{T,P}$ tem a forma de uma taça e o valor mínimo encontra-se no fundo da taça.

2.2 Estados de equilíbrio metaestáveis

De acordo com a definição de energia livre, o estado com a maior entropia e a menor entalpia será o mais estável. Uma vez que as fases sólidas contêm as ligações atómicas mais fortes e a entalpia (energia interna) mais baixa a baixas temperaturas, são consequentemente as fases mais estáveis. As fases líquidas e, finalmente, as fases de vapor tornam-se as mais estáveis a altas temperaturas, quando o termo -TS assume um papel central. As fases mais estáveis são aquelas com volumes limitados a altas pressões em processos em que as variações de pressão são significativas.

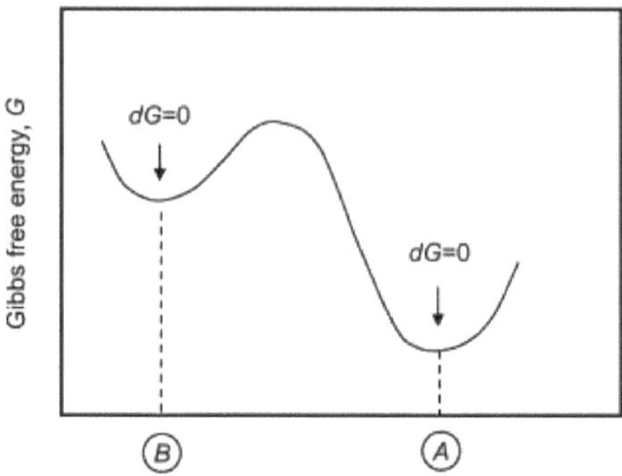

Fig.-2: Energia livre de Gibbs para diferentes configurações atómicas num sistema. A configuração A tem a energia livre mais baixa e, portanto, é a configuração de equilíbrio estável. A configuração B está num estado de equilíbrio metaestável [16]

Uma representação gráfica da definição de equilíbrio pode ser encontrada na fig.-2. Os pontos ao longo da abcissa representam os vários arranjos potenciais dos átomos. A configuração de equilíbrio estável será aquela que tem a energia livre mais baixa, ou *G*. Consequentemente, a configuração de equilíbrio estável seria a configuração A. Outras configurações não têm o valor mais baixo de *G*; uma dessas configurações é a configuração B, que se encontra num mínimo local de energia livre. Para diferenciar estas configurações do estado de equilíbrio estável, são designadas por estados de equilíbrio metaestáveis [16]. Por outras palavras, se uma mudança nas flutuações térmicas fizer com que os átomos se organizem num estado instável, eles rapidamente se reorganizarão num estado com um mínimo de energia livre. As outras configurações que se situam entre A e B são estados intermédios para os quais $dG \neq 0$ e são instáveis. O diamante é uma ilustração de um estado de configuração metaestável. O diamante acabará por se transformar em grafite, que é a configuração de equilíbrio estável. Por outro lado, o equilíbrio metaestável pode existir eternamente para todos os casos realistas, tal como no diamante.

Os estados metaestáveis podem sobreviver por períodos de tempo relativamente curtos ou por períodos de tempo quase infinitos. A saliência de energia livre na fig.-2 entre o estado metaestável e o estado de equilíbrio explica este facto. Barreiras de energia mais elevadas, ou lombas de energia livre, resultam geralmente em taxas de transformação mais lentas.

3. Força motriz da solidificação

Pode utilizar-se a ideia da energia livre de Gibbs para compreender o comportamento de um metal quando se aproxima do seu ponto de fusão (T_M). A energia livre de Gibbs molar do metal fundido e do sólido são equivalentes no ponto de fusão. Uma vez que o sólido tem menos energia livre do que o fundido abaixo do ponto de fusão, é a fase estável. O oposto é verdadeiro acima do ponto de fusão, onde o líquido é mais estável do que o sólido.

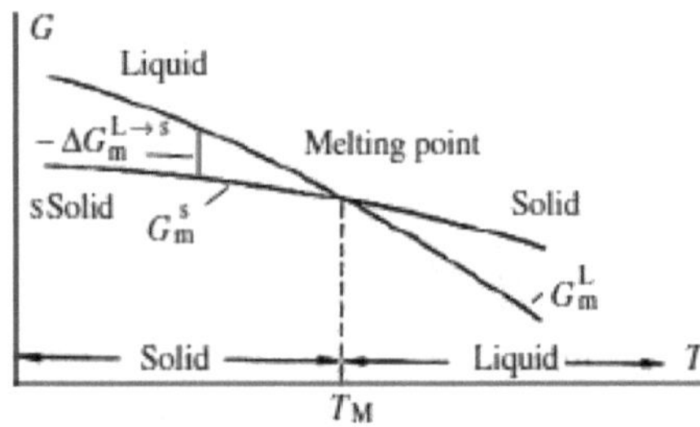

Fig.-3: As energias livres de Gibbs molares de um líquido puro e do metal sólido correspondente, G_m, variam com a temperatura [12]

O líquido sub-arrefecido solidifica devido à diferença na energia livre de Gibbs molar entre o líquido e o sólido à mesma temperatura abaixo do ponto de fusão. A tendência para a cristalização será tanto maior quanto maior for a força motriz. Como o calor é perdido para o meio envolvente durante um processo de solidificação espontânea, a variação da energia livre de Gibbs é negativa. Um processo espontâneo deve idealmente ter uma força motriz positiva, razão pela qual é descrito [12, 16] como,

$$-\Delta G_m^{L\to S} = -\Delta G_m^{LS} = G_m^L - G_m^S \quad (3)$$

$$\Rightarrow -\Delta G_m^{LS} = -(\Delta H_m^{LS} - T\,\Delta S_m^{LS}) \quad (4)$$

No ponto de fusão $T = T_M$ as fases líquida e sólida estão em equilíbrio entre si, o que pode ser expresso por $\Delta G_m^{LS} = 0$. Inserindo estes valores na equação 4, obtém-se,

$$\Rightarrow \Delta S_m^{LS} = \frac{\Delta H_m^{LS}}{T_M}$$

(5)

Assim, da equação - 4 obtemos,

$$-\Delta G_m^{LS} = -\left(\Delta H_m^{LS} - T\ \frac{\Delta H_m^{LS}}{T_M}\right)$$

(6)

Agora podemos reorganizar a equ. - 6, e a força motriz será,

$$-\Delta G_m^{LS} = (-\Delta H_m^{LS})\left(\frac{T_M - T}{T_M}\right) = H_m^{fusion}\ \frac{\Delta T}{T_M}$$

(7)

Onde,

Força motriz de solidificação = $-\Delta G_m^{LS}$

Temperatura do ponto de fusão = T_M

Subarrefecimento = $\Delta T = T_M - T$

Calor latente de fusão molar = $-\Delta H_m^{LS} = H_m^{fusion}$

O calor de fusão e o sub-arrefecimento são proporcionais à força motriz de solidificação perto do ponto de fusão.

4. Teoria da Nucleação

A energia livre *GIBBS* de uma fase líquida diminui com o aumento da temperatura abaixo do ponto de fusão de equilíbrio T_M, e a fusão deve transitar para a fase sólida energeticamente favorecida. A força de empurrão para a solidificação aumenta com o aumento do sub-arrefecimento, como foi discutido na secção anterior. Sem uma barreira de energia livre, a solidificação não pode começar, pelo que o sub-arrefecimento não é concebível. Consequentemente, a termodinâmica não pode, por si só, explicar o sub-arrefecimento dos líquidos. Os átomos numa fase líquida movem-se aleatoriamente devido à energia cinética, ou temperatura, de acordo com a termodinâmica. Os átomos colidem como resultado de flutuações estatísticas, e um embrião com um núcleo pode formar-se por si só. A expansão posterior estabiliza o núcleo.

Existem dois tipos de nucleação: heterogénea e homogénea, de acordo com a teoria clássica da nucleação. Um processo natural conhecido como nucleação homogénea permite que os átomos formem estatisticamente um aglomerado que tem a capacidade de se expandir. As propriedades termodinâmicas inerentes ao sistema são as únicas que controlam este processo. É importante notar que a nucleação heterogénea é um processo extrínseco que é desencadeado por uma in-homogeneidade, tal como uma partícula estranha ou a parede de um recipiente que serve como lados de nucleação. A minimização dos lados de nucleação heterogénea é necessária para conseguir um sub-arrefecimento profundo. Os materiais de elevada pureza utilizados em ambientes experimentais limpos podem tornar isto uma realidade.

4.1 Nucleação homogénea

Normalmente, supõe-se que as partículas esféricas da nova fase - ou seja, a fase cristalina com raio r - se desenvolvem na fase fluida com uma energia de interface sólido/líquido específica, γ_{LS}, na teoria da nucleação. Assim, o termo dependente da superfície com uma função r^2 e a parte dependente do volume correspondente a r^3 constituem a alteração na energia livre de Gibbs total do sistema [12, 17]:

$$\Delta G(r) = \Delta G_v(r) + \Delta G_A(r)$$

$$\Rightarrow \Delta G = -\frac{4}{3}\pi\, \Delta G^{LS}\, r^3 + 4\pi r^2\, \gamma_{LS}$$

(8)

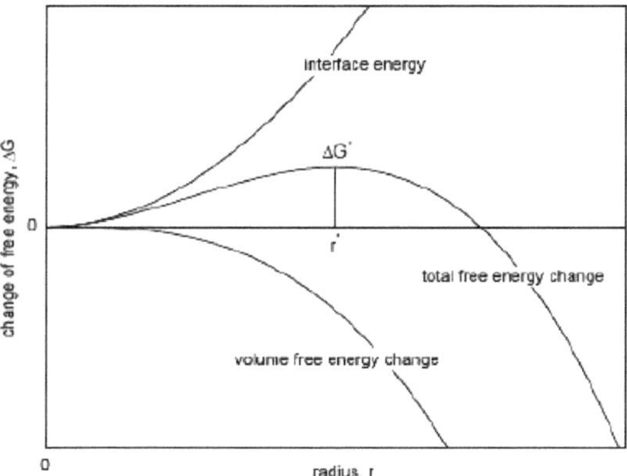

Fig.-4: Variação da energia livre relacionada com a nucleação homogénea de uma esfera de raio [17]

De acordo com a fig.-4, a partícula de raio maior que r^* é chamada de núcleo e a de raio menor é chamada de embrião. A energia livre crítica ocorre neste momento, ΔG * é chamada de energia livre de ativação [17].

Para descobrir o valor de r^* e ΔG *, temos de diferenciar a equação -8 em relação a *r*.

$$\Rightarrow \frac{d\Delta G}{dr} = -\frac{4}{3}\pi\, \Delta G^{LS}\, (3r^2) + 4\pi\gamma_{LS}\, (2r) = 0$$

$$\Rightarrow r = r^* = \frac{2\gamma}{\Delta G^{LS}} = -\left(\frac{2\gamma\, T_M}{\Delta H^{LS}}\right)\left(\frac{1}{T_M - T}\right)$$

(9)

E a partir das equações -8 e 9, obtém-se a seguinte expressão para ΔG * em $r = r^*$:

$$\Delta G^* = \frac{16\pi\gamma^3}{3(\Delta G^{LS})^2} = \left(\frac{16\pi\gamma^3\, T_M^2}{3\, \Delta H^{LS}}\right)\frac{1}{(T_M - T)^2}$$

(10)

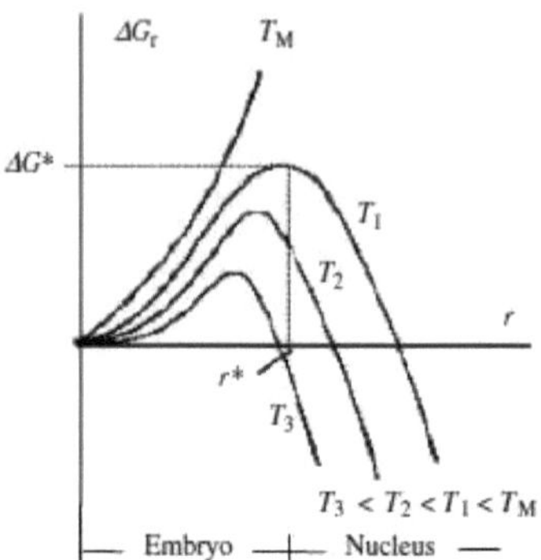

Fig.- 5: A energia livre de Gibbs do embrião ΔG em função da dimensão das partículas, com a temperatura como parâmetro [12]

Com base em duas equações [equ.-9 e 10], à medida que a temperatura T diminui, o mesmo acontece com o raio crítico r* e a energia livre de ativação ΔG^*. (Nestas fórmulas, os parâmetros γ eΔH^{LS} são bastante insensíveis às alterações de temperatura). Estas correlações são demonstradas na Fig.-5, um gráfico esquemático de ΔG -versus- r com curvas para três temperaturas distintas. De um ponto de vista físico, isto significa que a nucleação ocorre mais facilmente quando a temperatura é reduzida abaixo da temperatura de solidificação de equilíbrio [18].

4.2 Nucleação heterogénea

Embora as temperaturas de sobrearrefecimento para a nucleação homogénea possam atingir várias centenas de graus Celsius, em cenários do mundo real, estas temperaturas são frequentemente de apenas alguns graus Celsius. A razão para isto é que quando os núcleos se formam em superfícies ou interfaces pré-existentes, a energia livre da superfície (γ de equ.-10) é reduzida, o que diminui a energia de ativação (também conhecida como barreira energética) para a nucleação (ΔG^*). Por outras palavras, a nucleação ocorre mais rapidamente em superfícies e interfaces do que noutros locais. Mais uma vez, referimo-nos a este tipo de nucleação como heterogénea.

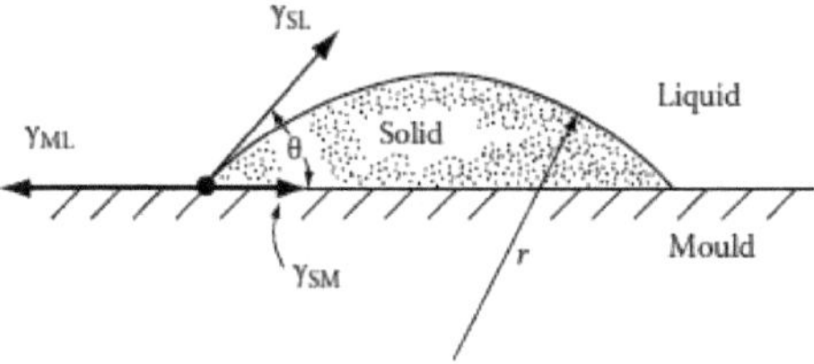

Fig.- 6: Nucleação heterogénea de tampas esféricas numa parede plana do molde [16]

O termo de energia interfacial é necessário para facilitar a nucleação para um sub-arrefecimento menor, como pode ser observado a partir da expressão para ΔG^* na equação 10. Colocar o núcleo em contacto com a parede do molde é uma técnica fácil para o conseguir. Como se vê na fig.-5, imagine um embrião sólido a crescer em contacto com uma parede de molde identicamente plana. Assumindo que γ_{LS} ($\gamma_{LS} = \gamma_{SL}$) é isotrópico, pode ser demonstrado que se o embrião tiver a forma de uma calota esférica com um ângulo de "molhagem" θ determinado pelo requisito de que as tensões interfaciais γ_{ML}, γ_{SM}, e γ_{LS} se equilibram no plano da parede do molde, a energia interfacial total do sistema é minimizada para um dado volume de sólido [16].

$$\gamma_{ML} = \gamma_{SM} + \gamma_{LS} \cos\theta \tag{11}$$

A componente vertical de γ_{LS} está ainda fora de equilíbrio. No devido tempo, esta força elevaria a superfície do molde até que as forças de tensão superficial atingissem o equilíbrio em todas as direcções. A Equ.-11, portanto, apenas fornece a forma ideal do embrião sob a suposição de que as paredes do molde permanecem planas. O desenvolvimento de tal embrião estará ligado a um excesso de energia livre fornecido por:

$$\Delta G_{het} = -V_S\, \Delta G^{LS} + A_{LS}\, \gamma_{LS} + A_{SM}\, \gamma_{SM} - A_{SM}\, \gamma_{SM} \tag{12}$$

onde γ_{LS}, γ_{SM} e γ_{ML} são as energias livres das interfaces sólido/líquido, sólido/molde e molde/líquido; V_S é o volume da calota esférica; e A_{LS} e A_{SM} são as áreas das interfaces sólido/líquido e sólido/molde. Existem agora três contribuições de energia interfacial, como se pode ver. Uma vez que resultam de interfaces formadas durante o processo de nucleação , as duas primeiras são positivas. No entanto, a terceira contribui negativamente para a energia, uma vez que a interação molde/líquido sob a tampa esférica é destruída.

O ângulo de molhagem (θ) e o raio da tampa (r) podem ser utilizados para expressar a equação anterior como

$$\Delta G_{het} = \left\{-\frac{4}{3}\pi\, r^3\, \Delta G^{LS} + 4\pi\, r^2\, \gamma_{LS}\right\} S(\theta)$$

(13)

E,

$$S(\theta) = \frac{1}{4}(2 + \cos\theta)(1 - \cos\theta)^2$$

(14)

Agora, à semelhança da nucleação homogénea, podemos derivar o valor de r* e ΔG* da equação 13.

$$r = r^* = \frac{2\gamma}{\Delta G^{LS}}$$

(15)

$$\Delta G^* = \frac{16\pi\gamma^3}{3(\Delta G^{LS})^2}\, S(\theta)$$

(16)

Podemos reescrever a equação -16 como:

$$\Delta G^*_{het} = \Delta G^*_{hom}\, S(\theta)$$

(17)

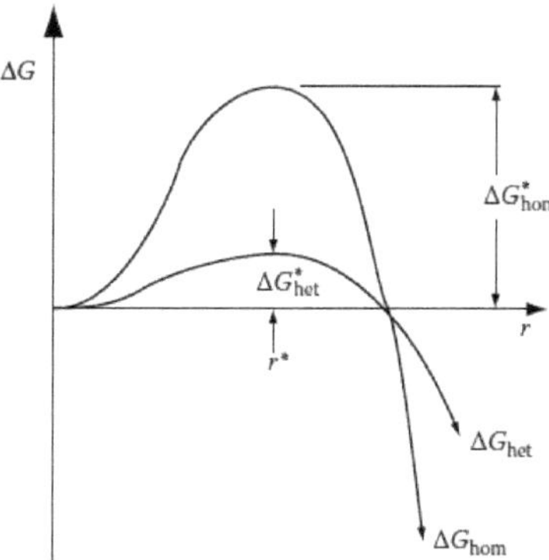

Fig.- 7: Nucleação homogénea e heterogénea utilizando o excesso de energia livre dos aglomerados sólidos [16]

Para além de mostrar a constância de r*, a fig.-7, um gráfico esquemático de ΔG versus raio do núcleo, apresenta curvas para ambos os métodos de nucleação e mostra as diferenças nas magnitudes deΔG_{het}^{*} e . ΔG_{hom}^{*}

4.3 Taxa de nucleação

Em função da temperatura, o número de núcleos estáveis n* (raios superiores a r*) é o seguinte [18]:

$$n^{*} = K_1\, exp\left(-\frac{\Delta G^{*}}{kT}\right)$$
(18)

Onde o número total de núcleos na fase sólida está relacionado com a constante K_1. As variações de temperatura têm um impacto maior sobre o termo ΔG* no numerador do termo exponencial desta expressão do que sobre o termo T no denominador. Por conseguinte, o termo exponencial na equação -18 diminui igualmente à medida que a temperatura desce abaixo de T_M, aumentando o valor de n^*. Uma representação esquemática desta dependência da temperatura (n^* vs T) pode ser vista na fig.-8 (a).

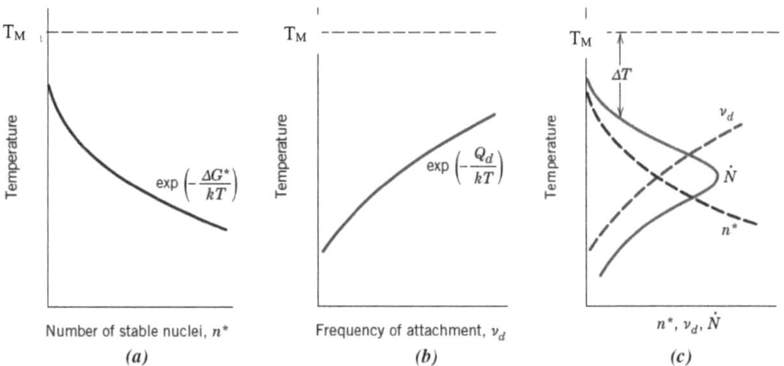

Fig.-8: Diagramas esquemáticos das seguintes variáveis: (a) número de núcleos estáveis versus temperatura; (b) frequência de ligação atómica versus temperatura; e (c) taxa de nucleação versus temperatura (as partes a e b repetem as curvas tracejadas) [18]

Outra fase crucial dependente da temperatura que tem impacto na nucleação é o agrupamento de curto alcance induzido pela difusão dos átomos durante a criação dos núcleos [18]. A frequência (v_d) com que os átomos derivados do líquido se agarram ao núcleo sólido está relacionada com o efeito de difusão. A relação entrev_d e a temperatura é a mesma que a do coeficiente de difusão:

$$v_d = K_2\, exp\left(-\frac{Q_d}{k\,T}\right)$$

(19)

Onde K_2 é uma constante que é independente da temperatura e Q_d é um valor independente da temperatura que representa a energia de ativação para a difusão. De acordo com a equação 19, uma descida da temperatura provoca uma descida emv_d . Este efeito é representado na fig.-8 (b) pela curva. Agora a taxa de nucleação ($\dot{N}$) pode ser derivada como:

$$\dot{N} = K_3\, n^*\, v_d = K_1\, K_2\, K_3 exp\left(-\frac{\Delta G^*}{kT}\right)\, exp\left(-\frac{Q_d}{k\,T}\right)$$

(20)

Aqui, o número de átomos na superfície de um núcleo é denotado por K_3. A taxa de nucleação em função da temperatura é representada esquematicamente na fig.-8 (c), juntamente com as curvas das fig.-8 (a) e 8 (b), que servem de base para a curva$\dot{N}$. À medida que a temperatura desce abaixo de T_M, a fig.-8 (c) ilustra como a taxa de nucleação começa por subir, atinge um máximo e depois desce. A equação 20 indica que a nucleação heterogénea ocorre mais frequentemente devido ao seu ΔG* mais baixo, o que implica que é necessário ultrapassar menos energia ao longo do processo de nucleação do que na nucleação homogénea.

A área superior da curva [fig.-8(c)], que representa um aumento rápido e dramático em$\dot{N}$ com a diminuição de T, é explicada pelo facto de ΔG* ser maior do que Q_d. Isto indica que o elemento $exp(-\Delta G^*/kT)$ da equação -20 é significativamente mais pequeno do que $exp(-Q_d/kT)$. Por outras palavras, uma pequena força motriz de ativação faz com que a taxa de nucleação seja reduzida a altas temperaturas. A taxa de nucleação é suprimida a temperaturas mais baixas quando há baixa mobilidade atómica, como demonstrado pelo facto de $exp(-Q_d/kT) < exp(-\Delta G^*/kT)$ como resultado de ΔG* se tornar menor do que o Q_d independente da temperatura num determinado ponto. Isto explica a forma do segmento inferior da curva, que mostra um declínio acentuado em$\dot{N}$ juntamente com uma queda contínua da temperatura.

É evidente na fig.-8 (c) que um líquido só experimentará uma taxa de nucleação significativa, ou solidificação durante o arrefecimento, se a temperatura cair abaixo da temperatura de fusão (ou solidificação) de equilíbrio (T_M). O grau de super-arrefecimento para a nucleação homogénea pode ser substancial (na escala de várias centenas de graus Kelvin) para sistemas particulares. Este processo é conhecido como super-arrefecimento (ou sub-arrefecimento).

No que diz respeito à taxa de nucleação, os materiais heterogéneos fazem com que a curva$\dot{N}$ -versus-T [fig.-8(c)] seja deslocada para cima. A fig.-9 ilustra este impacto e demonstra que a nucleação heterogénea requer um grau significativamente menor de sobrearrefecimento (ΔT).

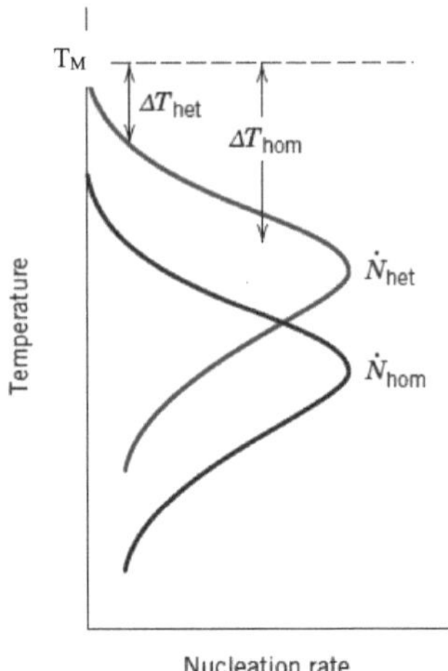

Fig.-9: Dependência da temperatura da taxa de nucleação para a nucleação heterogénea e homogénea. Cada grau de sobrearrefecimento (ΔT) é apresentado adicionalmente [16]

4.4 Crescimento

Uma vez que um embrião tenha crescido até se tornar um núcleo estável e tenha ultrapassado o tamanho necessário, r^*, inicia-se a fase de crescimento numa mudança de fase. Tenha em atenção que a nucleação continuará a ocorrer em simultâneo com a expansão das partículas na nova fase; naturalmente, a nucleação não pode ocorrer em regiões que já sofreram a transformação na nova fase. Além disso, o crescimento irá parar em qualquer área onde as partículas da fase seguinte convergem, uma vez que a transição terá terminado aí [1].

A difusão atómica de longo alcance, que normalmente se processa em várias etapas - por exemplo, a difusão através da fase-mãe, através de uma fronteira de fase e para o núcleo - é o processo pelo qual as partículas crescem. Como resultado, a taxa de difusão determina a taxa de crescimento$\dot{G}$, e a sua dependência da temperatura é a mesma que a do coeficiente de difusão, ou seja [18],

$$\dot{G} = C\, exp\left(-\frac{Q}{kT}\right)$$
(21)

Onde C, um pré-exponencial, e Q, a energia de ativação, são independentes da temperatura. Uma das curvas da fig.-10 mostra a dependência da temperatura de$\dot{G}$, e outra curva mostra a taxa de nucleação, $\dot{N}$ (que é quase invariavelmente a taxa de nucleação heterogénea). Atualmente, a taxa de transformação total é igual a um produto de$\dot{N}$ e$\dot{G}$ a uma dada temperatura. Este efeito combinado é mostrado pela terceira curva na fig.-10, que é para a taxa global. Esta curva partilha a mesma forma geral que a taxa de nucleação, com um pico ou máximo deslocado para cima com a curva$\dot{N}$.

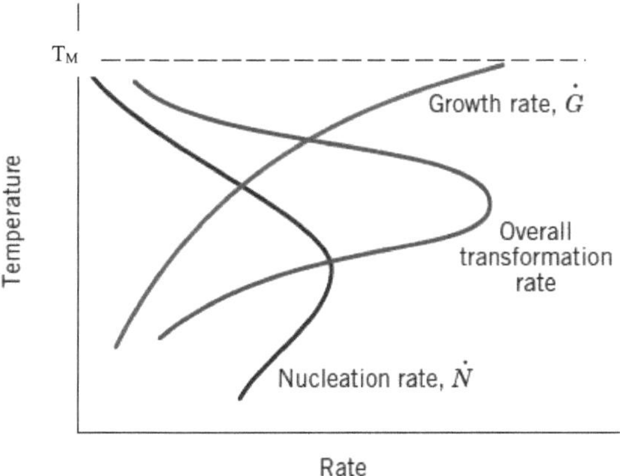

Fig.-10: Diagrama que mostra a relação entre a temperatura e a taxa de nucleação ($\dot{N}$), a taxa de crescimento ($\dot{G}$), e a taxa de transformação total [18]

Embora este estudo das transformações tenha sido concebido tendo em mente a solidificação, os conceitos subjacentes também se aplicam às transformações entre sólidos e gases. Como veremos mais adiante, existe uma relação inversa entre o ritmo de transformação e o tempo necessário para que a transformação progrida até um determinado grau de conclusão (por exemplo, tempo até 50% de conclusão da resposta, $t_{0,5}$) (Equação 10.18). Por conseguinte, se o logaritmo deste tempo de transformação (log

$t_{0,5}$) for representado em função da temperatura, a forma geral da curva resultante é apresentada na fig.-11b. Como se vê na fig.-11, esta curva em forma de "C" é uma imagem virtual em espelho (através de um plano vertical) da curva da taxa de transformação da fig.-10. A representação gráfica do logaritmo do tempo (com uma certa quantidade de transformação) em função da temperatura é um método comum para representar a cinética das mudanças de fase.

Vários eventos físicos podem ser entendidos em termos da fig.-10 para evitar o gráfico da taxa de transformação versus temperatura. Em primeiro lugar, a temperatura de transformação afecta o tamanho das partículas na fase produto. Por exemplo, poucos núcleos se formam e expandem rapidamente durante as transformações que ocorrem a temperaturas próximas de T_M, que se correlacionam com baixas taxas de nucleação e altas taxas de crescimento. Como resultado, a microestrutura que resulta incluirá um pequeno número de partículas relativamente grandes (grãos grossos, por exemplo). Por outro lado, as taxas de nucleação são elevadas e as taxas de crescimento são baixas durante as transformações que ocorrem a temperaturas mais baixas, produzindo um grande número de partículas microscópicas (tais como grãos finos).

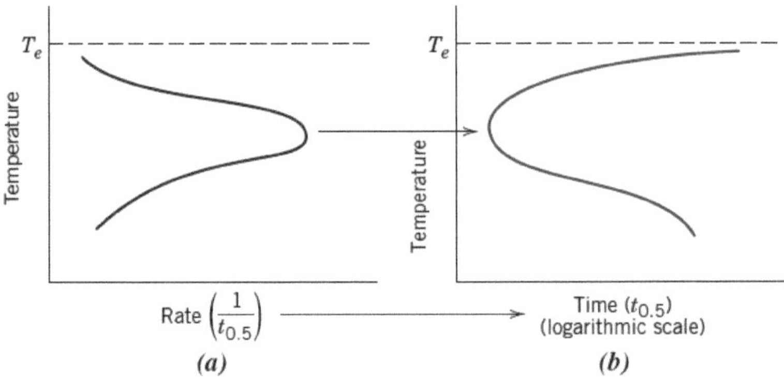

Fig.-11: Figuras que mostram a relação entre (a) taxa de transformação versus temperatura e (b) logaritmo do tempo [até certo ponto, como 0,5 % da transformação] versus temperatura. O mesmo conjunto de dados é utilizado para criar as curvas em (a) e (b); para os eixos horizontais, isto significa que o tempo [escalado logaritmicamente no gráfico (b)] é simplesmente o recíproco da taxa do gráfico (a) [18]

Além disso, como se mostra na fig.-10, podem ser produzidas estruturas de fase fora do equilíbrio quando um material é rapidamente arrefecido ao longo do intervalo de temperatura abrangido pela curva da taxa de transformação até uma temperatura relativamente baixa onde a taxa é incrivelmente baixa.

4.5 Considerações cinéticas sobre as transformações no estado sólido

A discussão anterior centrou-se na forma como as taxas de nucleação, crescimento e transformação dependem da temperatura. Outro fator crucial a ter em conta é a dependência temporal da taxa, muitas vezes conhecida como a cinética de uma mudança, particularmente no tratamento térmico de materiais. Além disso, a cinética das transformações no estado sólido será o foco da discussão que se segue, porque muitas transformações que são relevantes para os cientistas e engenheiros de materiais envolvem apenas fases sólidas. A fração da reação que já ocorreu é quantificada em função do tempo em várias experiências cinéticas, mantendo a temperatura constante. A determinação do progresso da transformação é normalmente conseguida através da análise microscópica ou da medição de um atributo físico (como a condutividade eléctrica) que é exclusivo da fase seguinte. A representação gráfica dos dados como a fração de material transformado versus o logaritmo do tempo mostra que a maioria das reacções no estado sólido tem um comportamento cinético típico, que é representado por uma curva em forma de S como a da fig.-12. O gráfico também mostra as fases de nucleação e crescimento.

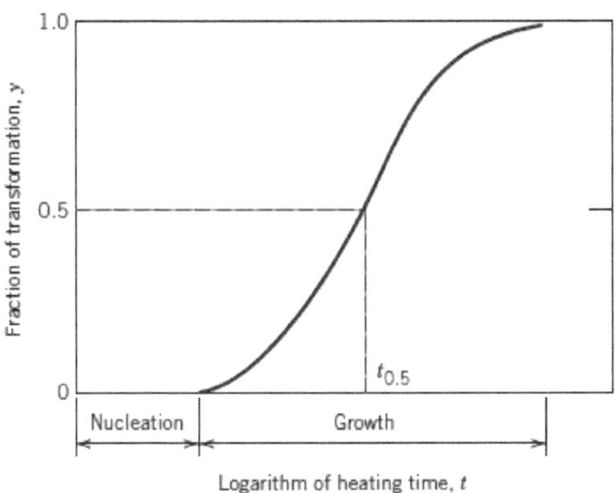

Fig.-12: O gráfico mostra a fração que respondeu contra o logaritmo do tempo, o que é comum para muitas transições no estado sólido que mantêm uma temperatura constante [16]

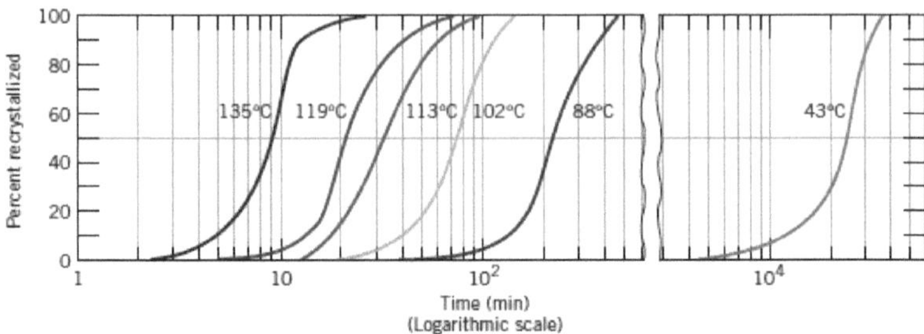

Fig.-13: Percentagem de cobre puro que recristaliza ao longo do tempo a uma temperatura constante [16]

A fração de transformação y é uma função do tempo t para transformações no estado sólido que exibem o comportamento cinético visto na fig.-12 como se segue [18];

$$y = 1 - exp(-k\, t^n) \qquad (22)$$

onde n e k são as constantes independentes do tempo da reação. A equação de Avrami é um nome comum para esta expressão. Convencionalmente, mede-se a velocidade de uma transformação como o recíproco do tempo que leva para completar um ponto intermédio [16], $t_{0,5}$ ou,

$$rate = \frac{1}{t_{0.5}} \qquad (23)$$

A cinética e, consequentemente, a taxa de uma transformação são grandemente afectadas pela temperatura. A Fig.-13 ilustra este facto mostrando curvas y-versus-log(t), em forma de S, para a recristalização do cobre a várias temperaturas.

5. Termodinâmica de sistemas binários

A energia livre de qualquer fase depende da sua composição, temperatura e pressão. Quando a energia livre de Gibbs atinge um mínimo, o equilíbrio é atingido (semelhante aos sistemas mecânicos, para os quais o equilíbrio existe quando a energia potencial atinge um mínimo). Consequentemente, a situação é dada por [11, 12]:

$$dG\,(P,T,n_i\ldots) = \left(\frac{\partial G}{\partial T}\right)_{P,n_i\ldots} dT + \left(\frac{\partial G}{\partial P}\right)_{T,n_i\ldots} dP + \left(\frac{\partial G}{\partial n_i}\right)_{P,T,n_j\ldots} dn_i + \ldots = 0$$

(23)

Onde n_i representa a quantidade de moles (ou átomos) do componente i. As derivadas parciais da energia livre são também conhecidas como potenciais químicos ou energias livres parciais molares:

$$\mu_i = \left(\frac{\partial G}{\partial n_i}\right)_{P,T,n_j\ldots}$$

(24)

E no equilíbrio P, T = Constante

$$dG = \mu_i\, dn_i + \mu_j\, dn_j + \ldots = 0$$

(25

O potencial químico de cada componente de um sistema multifásico deve ser o mesmo em todas as fases para que o sistema esteja em equilíbrio:

Considerando duas fases num sistema em equilíbrio: α e β. Quando o componente A sofre uma transição de quantidade dn da fase α para a fase β em $T,P = ct$..., a mudança na energia livre para cada fase é,$dG^{\alpha} = \mu_A^{\alpha}\, dn$ e .$dG^{\beta} = -\mu_A^{\beta}\, dn$

Assim, a variação total da energia livre é, $dG = dG^{\alpha} + dG^{\beta} = (\mu_A^{\alpha} - \mu_A^{\beta})\, dn$

E no equilíbrio $dG = 0$

$$\mu_i^{\alpha} = \mu_i^{\beta}$$

(26)

Os diagramas de fases de equilíbrio podem ser utilizados para calcular a composição líquida e sólida de ligas metálicas, mesmo quando as condições de equilíbrio não ocorrem de facto em sistemas reais, assumindo o equilíbrio termodinâmico local. Quando comparado com a taxa de avanço da interface, o equilíbrio local sugere que as taxas de resposta na interface sólido/líquido são rápidas. Evidências experimentais suportam esta noção até velocidades de solidificação de 5 m/s [11].

Mas no caso de um sistema binário, sex_A mol A ex_B mol B estiverem presentes em 1 mol da fase inicial, o tamanho do sistema pode ser aumentado sem alterar a sua composição, desde que A e B sejam adicionados nas proporções corretas,$dn_A : dn_B = x_A : x_B$ e$x_A + x_B = 1$, então a energia livre molar torna-se,

$$G = \mu_A x_A + \mu_B x_B \tag{27}$$

Onde, G é a função dex_A ex_B , e da fig.-14 podemos obter o valor deμ_A e . μ_B

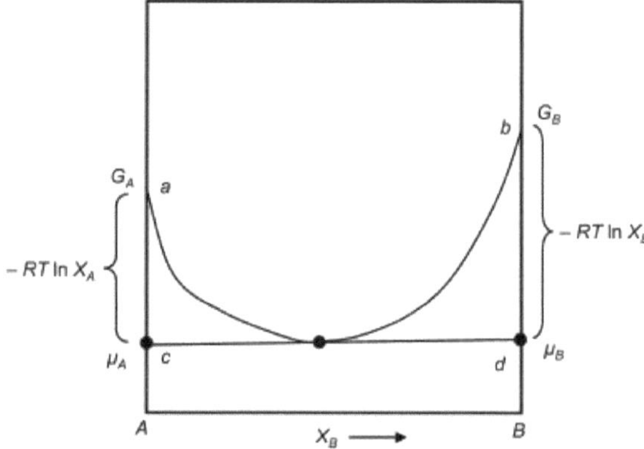

Fig.-14: A relação entre os potenciais químicos para uma solução ideal e a curva de energia livre

Os diagramas de fase de equilíbrio, que assumem uma taxa de transformação muito lenta ou uma taxa de difusão de espécies muito rápida, mostram a estrutura de um sistema em função da composição e da temperatura. Quando os potenciais químicos das duas espécies num sistema binário são equivalentes, ocorre um equilíbrio de fase de dois componentes. Inicialmente, os diagramas de fase eram derivados de curvas de arrefecimento em experiências. O processo de criação de diagramas de fase utilizando as curvas de energia livre de Gibbs foi possível graças aos avanços da termodinâmica e da termodinâmica computacional.

A energia livre de Gibbs da mistura G_m para uma solução binária ideal é [12]:

$$G_m = x_A\, G_A^0 + x_B\, G_B^0 + RT\,(x_A\; ln\, x_A + x_B\; ln\, x_B)$$
(28)

E a energia livre de Gibbs da mistura G_m para uma solução binária não ideal é [12]:

$$G_m = x_A\, G_A^0 + x_B\, G_B^0 + RT\,(x_A\; ln\, x_A + x_B\; ln\, x_B) + G_m^{Ex}$$
(29)

Onde,

Fação molar dos componentes A ou B = x

Energia livre do componente puro A ou B = G^o

Constante do gás = R

Excesso de energia livre = $G_m^{Ex} = G_m^{non-ideal} - G_m^{ideal} = H_m^{mix}\,(1 - AT)$

Calor molar de mistura = H_m^{mix}

Constante experimental = A

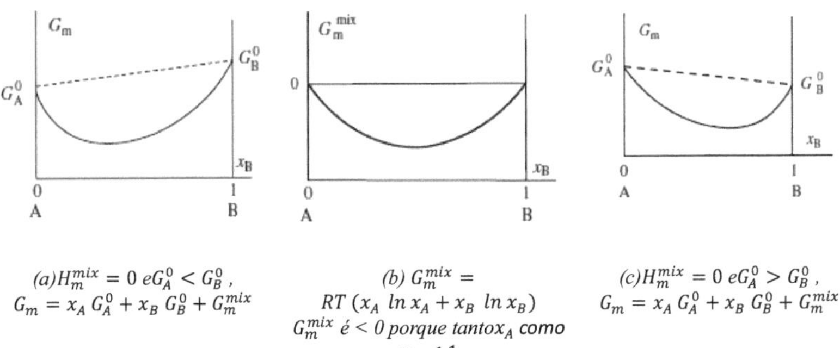

(a) $H_m^{mix} = 0$ e $G_A^0 < G_B^0$, $G_m = x_A\, G_A^0 + x_B\, G_B^0 + G_m^{mix}$

(b) $G_m^{mix} = RT\,(x_A\; ln\, x_A + x_B\; ln\, x_B)$ G_m^{mix} *é < 0 porque tanto* x_A como $x_B < 1$

(c) $H_m^{mix} = 0$ e $G_A^0 > G_B^0$, $G_m = x_A\, G_A^0 + x_B\, G_B^0 + G_m^{mix}$

Fig.-15: Curvas de Energia Livre de Gibbs Molar de Soluções Binárias Ideais [12]

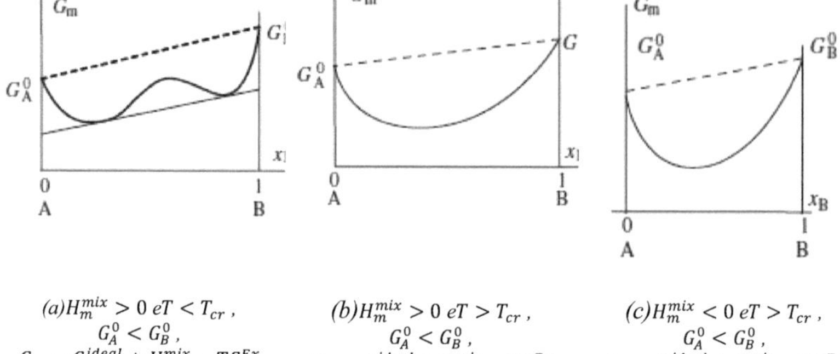

(a) $H_m^{mix} > 0$ e $T < T_{cr}$, $G_A^0 < G_B^0$, $G_m = G_m^{ideal} + H_m^{mix} - TS_m^{Ex}$

(b) $H_m^{mix} > 0$ e $T > T_{cr}$, $G_A^0 < G_B^0$, $G_m = G_m^{ideal} + H_m^{mix} - TS_m^{Ex}$

(c) $H_m^{mix} < 0$ e $T > T_{cr}$, $G_A^0 < G_B^0$, $G_m = G_m^{ideal} + H_m^{mix} - TS_m^{Ex}$

Fig.-16: Curvas de Energia Livre de Gibbs de Soluções Binárias Não Ideais [12]

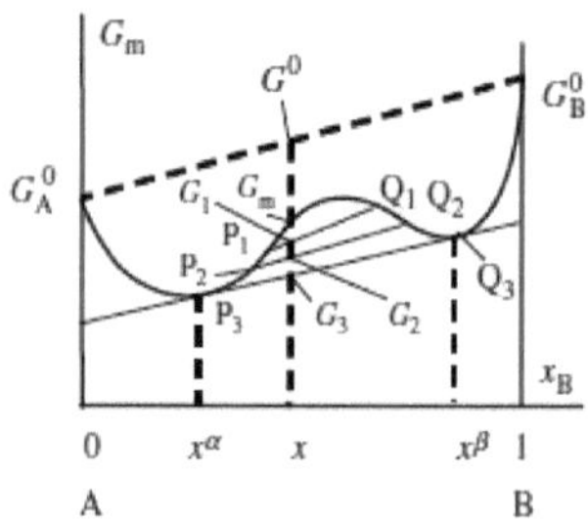

Fig.-17 (a): A curva de energia livre de Gibbs molar de uma solução binária sólida não ideal com componentes da mesma estrutura cristalina. O processo de solução resulta em duas fases diferentes [12]

Fig.-17 (b): Curva da energia livre de Gibbs molar de uma solução sólida binária não ideal com componentes de diferentes estruturas cristalinas. O processo de solução resulta em duas fases diferentes [12]

5.1 Modelo teórico do calor de mistura

A relação entre o calor molar de mistura e a variação de entalpia molar na mistura é [11,12];

$$H_m^{mix} = \Delta H_m^{mix} = -\Delta(H_m)^{mix} = L\, x_A\, x_B \qquad (30)$$

Onde L é designado por parâmetro de interação, pode ser obtido resolvendo a equação 30. Uma vez que as energias de ligação dos três tipos diferentes de moléculas são constantes, L compreende tanto o fator de suporte como a constante de proporcionalidade.

Nas soluções ideais, L = 0 e o calor de mistura são ambos nulos. Uma solução ideal é completamente solúvel em todas as proporções. Para soluções não ideais, a constante L e, consequentemente, o calor molar de misturaH_m^{mix} , podem ser positivos ou negativos, dependendo das forças inter atómicas e do sinal do fator de suporte [12].

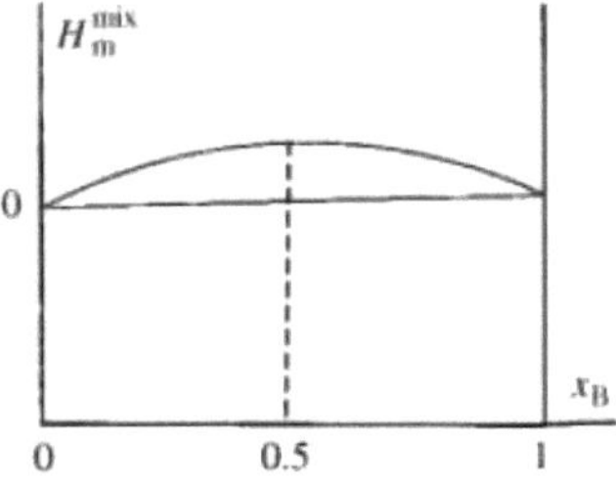

Fig.-18 (a): A correlação entre a composição e o calor molar de mistura numa liga binária. Se houver menos forças (repulsão) entre átomos diferentes do que entre átomos semelhantes, entãoH_m^{mix} é positivo [12]

Fig.-18 (b): A correlação entre a composição e o calor molar de mistura numa liga binária. Se as forças entre átomos diferentes forem maiores (atração) do que as forças entre átomos semelhantes, entãoH_m^{mix} é negativo [12]

5.2 Lacuna de miscibilidade numa solução regular

A gama de composições numa solução normal em que dois componentes não são completamente miscíveis (capazes de se misturar em todas as proporções) a uma dada temperatura é referida como o intervalo de miscibilidade. As energias de interação numa solução normal entre moléculas do mesmo tipo (AA e BB) são comparáveis às que existem entre moléculas de tipos diferentes (AB). O comportamento de mistura resultante é ótimo. No entanto, pode surgir um intervalo de miscibilidade se as energias de interação de moléculas diferentes (AB) diferirem consideravelmente das de moléculas semelhantes (AA e BB). A separação de fases resulta do facto de dois componentes se misturarem de forma desigual em todas as quantidades quando existe um intervalo de miscibilidade. Isto é frequentemente observado em sistemas onde o tamanho, a forma ou a polaridade das moléculas envolvidas mudam significativamente.

Da equação -29, podemos escrever;

$$G_m = x_A\, G_A^0 + x_B\, G_B^0 + RT\,(x_A\ ln\, x_A + x_B\ ln\, x_B) + H_m^{mix} - TS_m^{Ex}$$
(31)

Assume-se que a entropia molar da mistura é igual à de uma solução ideal, ou seja

$$S_m^{Ex} = 0$$
(32)

E combinando as equações -30, 31 e 32, obtém-se

$$G_m = x_A\, G_A^0 + x_B\, G_B^0 + RT\,(x_A\ ln\, x_A + x_B\ ln\, x_B) + L\, x_A\, x_B$$
(33)

$$\Rightarrow G_m = x_A\, G_A^0 + x_B\, G_B^0 + G_m^{mix}$$

Onde, $G_m^{mix} = RT\,(x_A\ ln\, x_A + x_B\ ln\, x_B) + L\, x_A\, x_B$ (34)

A fig.-19 (a) a (d) mostra as variações da entalpia molar de misturaH_m^{mix} , o termo$-TS_m^{Ex}$ e a energia livre de Gibbs molar de misturaG_m^{mix} para uma solução regular [16].

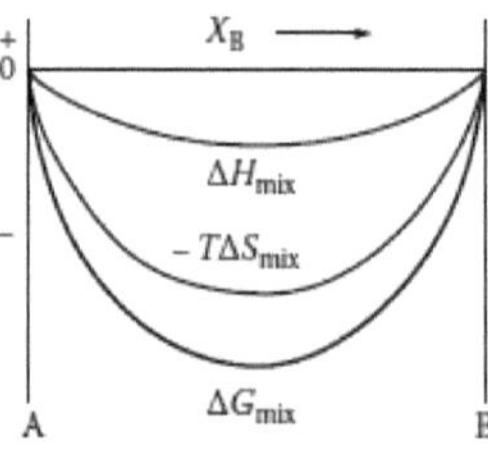

(a) $L < 0$, T elevado

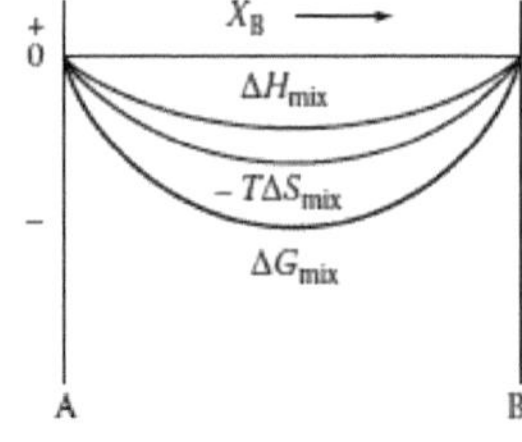

(b) $L < 0$, baixa T

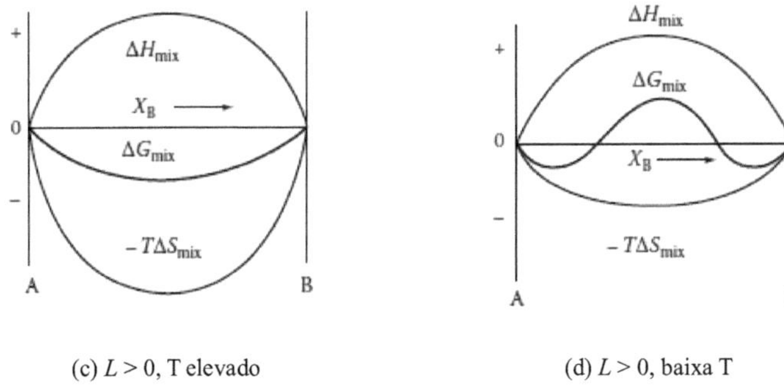

(c) $L > 0$, T elevado

(d) $L > 0$, baixa T

Fig.-19: O efeito deΔH_m^{mix} e T emΔG_m^{mix} [16]

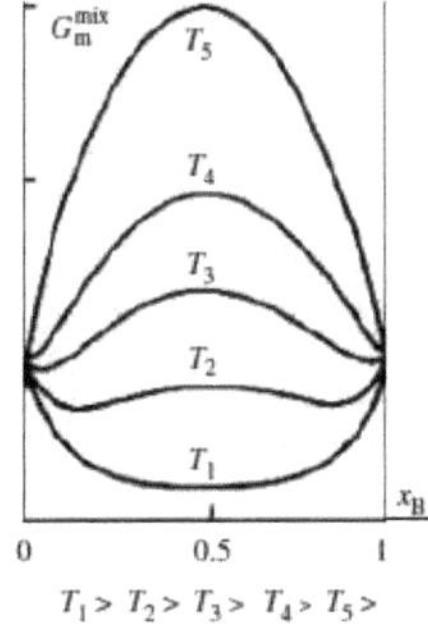

Fig.-20:G_m^{mix} de uma solução binária em função da concentração com a temperatura como parâmetro.$H_m^{mix} > 0$ [12]

5.3 Atividade

Os valores deμ_A eμ_B podem ser reescritos como [16],

$$\mu_A = G_A + RT \ \ln a_A$$

$$\mu_B = G_B + RT \ \ln a_B$$

(35)

Em geral, a_A e a_B diferem de x_A e x_B, e a sua relação muda em função da composição da solução, equ.-35 comparação produz uma solução regular,

$$ln\left(\frac{a_A}{x_A}\right) = \frac{L}{RT}(1 - x_A)^2$$

E

$$ln\left(\frac{a_B}{x_B}\right) = \frac{L}{RT}(1 - x_B)^2$$

(36)

Uma representação gráfica da relação entre a e x para qualquer solução pode ser encontrada na fig.-21, assumindo que A puro e B puro têm a mesma estrutura cristalina. Uma solução ideal é mostrada na linha 1, onde$a_A = x_A$ e$a_B = x_B$. A linha 2 indica que a atividade dos componentes numa solução ideal será menor se$H_m^{mix} < 0$ e vice-versa se$H_m^{mix} > 0$ (linha 3).

Normalmente, a razão (a_A/x_A) é conhecida como γ_A, ou o coeficiente de atividade de A, que é;

$$\gamma_A = \frac{a_A}{x_A}$$

(37)

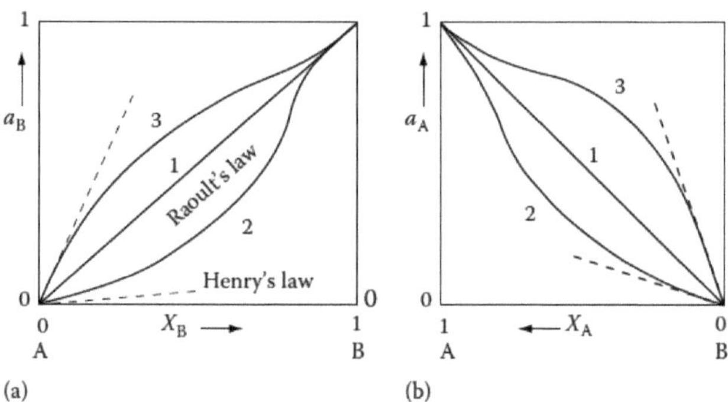

Fig.-21: A variação da atividade com a composição (a) a_B (b) a_A. Linha 1: solução ideal (lei de Raoult). Linha 2:$H_m^{mix} < 0$. Linha 3:$H_m^{mix} > 0$ [16]

Quando permitimos que $x_B \to 0$ para uma solução diluída de B em A, a equação -37 torna-se mais simples.

$$\gamma_A = \frac{a_A}{x_A} \approx constant \quad \text{(Lei de Henry)}$$

(38)

$$\gamma_A = \frac{a_A}{x_A} \approx 1 \quad \text{(Lei de Raoult)}$$

(39)

As equações -38 e 39, que se aplicam a todas as soluções quando devidamente diluídas, são designadas por lei de Henry e lei de Raoult [16], respetivamente. A atividade de um componente é apenas uma outra forma de descrever o seu estado numa solução, uma vez que está meramente ligada ao potencial químico. Uma vez que frequentemente resulta numa matemática mais simples, a sua utilização é puramente conveniente e não é fornecida qualquer informação adicional.

Tudo o que a atividade e o potencial químico representam é a propensão de um átomo para se separar de uma solução. Os átomos hesitam em sair de uma solução quando a atividade ou o potencial químico é baixo, o que pode levar a uma pressão de vapor relativamente baixa do componente em equilíbrio com a solução. Mais adiante, também se tornará claro que, quando várias fases condensadas estão em equilíbrio, a atividade ou o potencial químico de um componente é importante.

6. Sistemas Binários Isomorfos

Possivelmente, o tipo de diagrama de fase binário mais fácil de compreender e interpretar é o que se caracteriza pelo sistema cobre-níquel (fig.-22). A temperatura é representada ao longo da ordenada e a abcissa representa a composição da liga, em percentagem em peso de níquel. A composição varia entre 0 wt% Ni (100 wt% Cu) no extremo esquerdo horizontal e 100 wt% Ni (0 wt% Cu) no direito. Três regiões de fase diferentes, ou campos, aparecem no diagrama: um campo alfa (α), um campo líquido (L) e um campo bifásico α+L. Cada região é definida pela fase ou fases que existem na gama de temperaturas e composições delineadas pelas linhas de fronteira de fase. O líquido L é uma solução líquida homogénea composta por cobre e níquel. A fase α é uma solução sólida substitucional constituída por átomos de Cu e Ni e tem uma estrutura cristalina FCC. A temperaturas inferiores a cerca de 1080°C, o cobre e o níquel são mutuamente solúveis um no outro no estado sólido para todas as composições. Esta solubilidade completa é explicada pelo facto de tanto o Cu como o Ni terem a mesma estrutura cristalina (FCC), raios atómicos e electro-negatividades quase idênticos e valências semelhantes. O sistema cobre-níquel é denominado isomorfo devido a esta completa solubilidade líquida e sólida dos dois componentes.

No que respeita à nomenclatura, há que fazer algumas observações: Em primeiro lugar, para as ligas metálicas, as soluções sólidas são normalmente designadas por letras gregas minúsculas (α,β,λ etc.). No que respeita às fronteiras de fase, a linha que separa os campos de fase L e α + L é designada por linha liquidus, como indicado na Figura 9.3a; a fase líquida está presente a todas as temperaturas e composições acima desta linha. A linha solidus situa-se entre as regiões α e α + L, abaixo da qual apenas existe a fase α sólida. Na fig.-22 (a), as linhas solidus e liquidus intersectam-se nos dois extremos da composição; estas correspondem às temperaturas de fusão dos componentes puros. Por exemplo, as temperaturas de fusão do cobre e do níquel puros são 1085°C e 1455°C, respetivamente. O aquecimento do cobre puro corresponde a um movimento vertical para cima no eixo das temperaturas à esquerda. O cobre permanece sólido até que a sua temperatura de fusão seja atingida. A transformação sólido-líquido tem lugar à temperatura de fusão e não é possível qualquer outro aquecimento até que esta transformação esteja concluída. Para qualquer composição que não seja de componentes puros, este fenómeno de fusão ocorre no intervalo de temperaturas entre as linhas solidus e liquidus; tanto as fases sólidas α como as líquidas estão em equilíbrio neste intervalo de temperaturas. Por exemplo, após o aquecimento de uma liga com uma composição de 50 wt% Ni-50 wt% Cu [fig.-22 (a)], a fusão começa aproximadamente a 1280°C (2340°F); a quantidade de fase líquida aumenta continuamente com a temperatura até cerca de 1320°C (2410°F), altura em que a liga está completamente líquida.

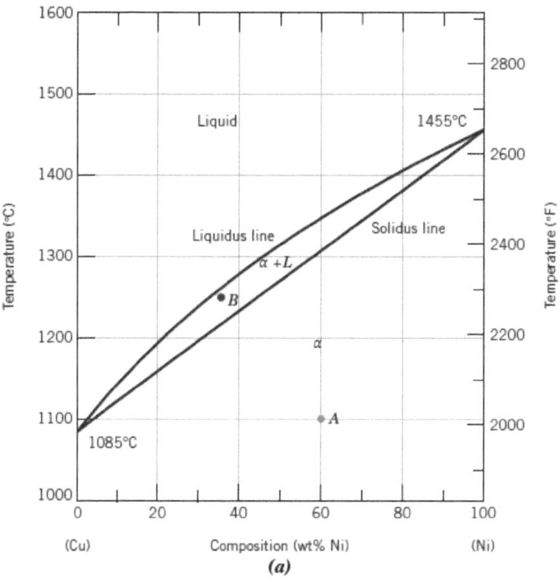

Fig.-22 (a): Diagrama de fases cobre-níquel [16]

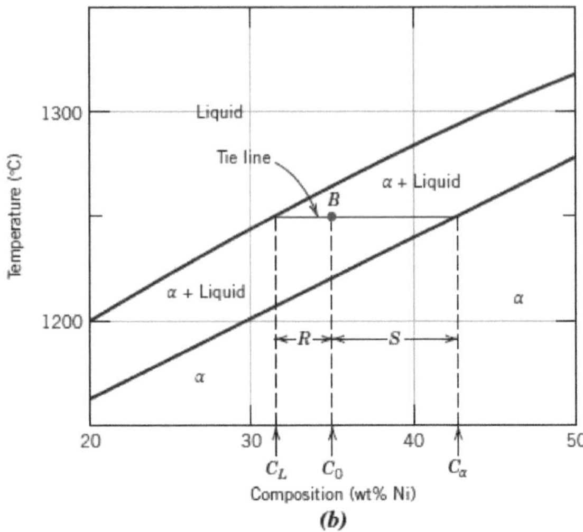

Fig.-22 (b): parte do diagrama de fases cobre-níquel para o qual as composições e quantidades de fases são determinadas no ponto B [16]

Considerando a fig.-22 (b), na qual a 1250°C estão presentes as fases α e líquida para uma liga de 35 wt% Ni-65 wt% Cu. O problema é calcular a fração de cada uma das fases α e líquida. É construída a linha de ligação que foi utilizada para a determinação das composições das fases α e L. Seja a composição global da liga localizada ao longo da linha de ligação e denotada como C_0, e sejam as fracções mássicas representadas por W_L e W_α para as respectivas fases. A partir da regra da alavanca, W_L pode ser calculado de acordo com

$$W_L = \frac{C_\alpha - C_0}{C_\alpha - C_L} \quad (40)$$

7. Regra da fase de Gibbs

As leis da termodinâmica regem a construção de diagramas de fase, bem como algumas das regras que regem as condições de equilíbrio de fase. A regra das fases de Gibbs está entre elas. A equação simples, que expressa esta regra como um critério para o número de fases que coexistem num sistema em equilíbrio,

$$P + F = C + N \tag{41}$$

Onde, P representa o número de fases que estão presentes. O número de graus de liberdade, ou o número de variáveis controladas externamente (tais como composição, pressão e temperatura) que devem ser especificadas para definir completamente o estado do sistema, é referido como parâmetro F. Dito de outra forma, F representa a quantidade destas variáveis que são modificáveis por si só sem afetar o número total de fases que coexistem em equilíbrio. O número de componentes do sistema é representado pelo parâmetro C na equação 41. Nos diagramas de fase, os componentes são os materiais que se encontram nos dois extremos do eixo horizontal de composição (Cu e Ag para os diagramas de fase apresentados na fig.-23). Os componentes são tipicamente elementos ou compostos estáveis. Por fim, o número de variáveis não-composicionais (como pressão e temperatura) é representado por N na equação 41.

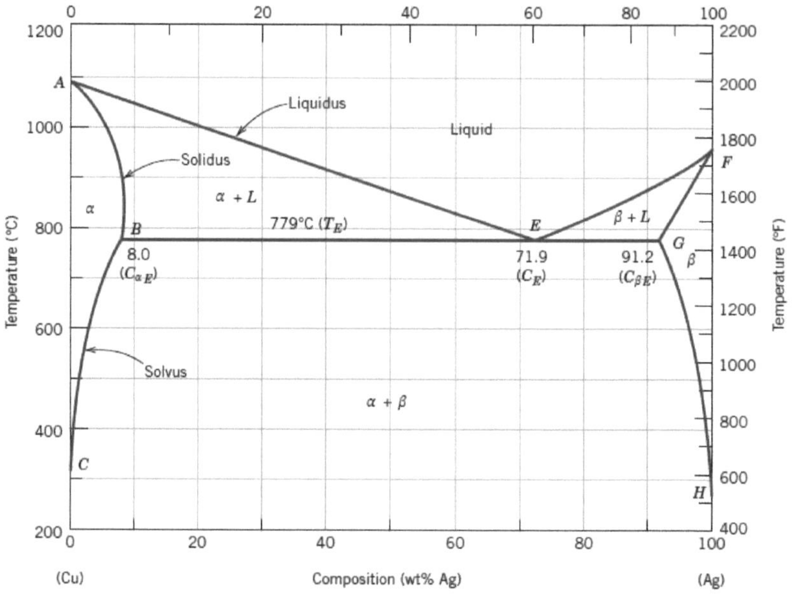

Fig.-23: O diagrama de fases Cu-Ag[16]

Uma variável intensiva, como T, P, x_A , x_B, etc., que pode ser alterada independentemente sem afetar o equilíbrio é designada por grau de liberdade. Perde-se um grau de liberdade e a regra das fases torna-se, se a pressão for mantida constante;

$$P + F = C + 1 \tag{42}$$

Atualmente, estamos a considerar as ligas binárias, pelo que C = 2;

$$P + F = 3 \tag{43}$$

Isto indica que existem dois graus de liberdade para um sistema binário com uma única fase, o que significa que T e x_B podem ser alterados separadamente. P = 2 e F = 1 numa região de duas fases de um diagrama de fases indicam que as composições das fases são fixas se a temperatura for selecionada independentemente nesta região. Não existem graus de liberdade e a temperatura do sistema e as composições das fases são fixas quando três fases estão em equilíbrio, como numa temperatura eutéctica ou peritectica.

8. Sistemas Eutécticos Binários

Outro tipo de diagrama de fase comum e relativamente simples encontrado para ligas binárias é mostrado na fig.-23 para o sistema cobre-prata; este é conhecido como um diagrama de fase eutéctico binário. Algumas caraterísticas deste diagrama de fases são importantes e dignas de nota. Em primeiro lugar, encontram-se três regiões monofásicas no diagrama: α, β e líquido. A fase α é uma solução sólida rica em cobre; tem a prata como componente do soluto e uma estrutura cristalina FCC. A solução sólida da fase β também tem uma estrutura FCC, mas o soluto é o cobre. O cobre puro e a prata pura são também considerados como fases α e β, respetivamente.

Assim, a solubilidade em cada uma destas fases sólidas é limitada, na medida em que a qualquer temperatura abaixo da linha BEG apenas uma concentração limitada de prata se dissolve no cobre (para a fase α), e de forma semelhante para o cobre na prata (para a fase β). O limite de solubilidade para a fase α corresponde à linha de fronteira, rotulada CBA, entre as regiões das fases α / (α+ β) e α / (α + L); aumenta com a temperatura até um máximo [8,0 wt% Ag a 779°C (1434°F)] no ponto B, e diminui até zero na temperatura de fusão do cobre puro, ponto A [1085°C (1985°F)]. A temperaturas inferiores a 779°C (1434°F), a linha limite de solubilidade sólida que separa as regiões das fases α e α + β é denominada linha de solvus; o limite AB entre os campos α e α + L é a linha de solidus, como indicado na fig.-23. Para a fase β, existem também as linhas solvus e solidus, HG e GF, respetivamente, como se mostra. A solubilidade máxima do cobre na fase β, ponto G (8,8 wt% Cu), também ocorre a 779°C (1434°F). Esta linha horizontal BEG, que é paralela ao eixo da composição e se estende entre estas posições de solubilidade máxima, pode também ser considerada uma linha solidus; representa a temperatura mais baixa à qual pode existir uma fase líquida para qualquer liga de cobre-prata que esteja em equilíbrio.

Existem também três regiões de duas fases encontradas para o sistema cobre-prata (fig.-23): α + L, β + L e α + β. As soluções sólidas das fases α e β- coexistem para todas as composições e temperaturas dentro do campo de fase α + β; as fases α+ líquido e β+ líquido também coexistem nas suas respectivas regiões de fase. Para além disso, as composições e as quantidades relativas das fases podem ser determinadas utilizando linhas de ligação e a regra da alavanca, tal como descrito anteriormente.

À medida que a prata é adicionada ao cobre, a temperatura à qual as ligas se tornam totalmente líquidas diminui ao longo da linha liquidus, linha AE; assim, a temperatura de fusão do cobre é reduzida pela adição de prata. O mesmo pode ser dito para a prata: A introdução de cobre reduz a temperatura de fusão completa ao longo da outra linha de liquidus, FE. Estas linhas de liquidus encontram-se no ponto E do diagrama de fases, que é designado pela composição CE e pela temperatura TE; para o sistema cobre-prata, os valores de CE e TE são 71,9 wt% Ag e 779°C (1434°F), respetivamente. Deve também notar-se que existe uma isotérmica horizontal a 779°C, representada pela linha BEG, que também passa pelo ponto E. Uma reação importante ocorre para uma liga de composição CE à medida que muda de temperatura ao passar por TE; esta reação pode ser escrita da seguinte forma

$$L(C_E) \leftrightharpoons \alpha(C_{\alpha E}) + \beta(C_{\beta E})$$

(44)

Ou, após arrefecimento, uma fase líquida é transformada nas duas fases sólidas α e β à temperatura TE; a reação oposta ocorre após aquecimento. Esta reação é designada por reação eutéctica (eutéctica significa "facilmente fundível") e o ponto E no diagrama é designado por ponto eutéctico; além disso, CE e TE representam a composição eutéctica e a temperatura, respetivamente. Como também se observa na fig.-23,$C_{\alpha E}$ e$C_{\beta E}$ são as composições respectivas das fases α e β em T_E. Assim, para o sistema cobre-prata, a reação eutéctica, equ.-44, pode também ser escrita da seguinte forma

L(71,9 wt% Ag) □α (8,0 wt% Ag) + β (91,2 wt% Ag)

(45)

Esta reação eutéctica é designada por reação invariante, na medida em que ocorre em condições de equilíbrio a uma temperatura específica (T_E) e composições específicas (C_E, $C_{\alpha E}$ e $C_{\beta E}$), que são constantes (isto é, invariáveis) para um sistema binário específico.1 Além disso, a linha horizontal de solidus BEG em TE é por vezes designada por isotérmica eutéctica. A reação eutéctica, após arrefecimento, é semelhante à solidificação para componentes puros, na medida em que a reação prossegue até à sua conclusão a uma temperatura constante, ou isotérmica, em T_E. No entanto, o produto sólido da solidificação eutéctica é sempre constituído por duas fases sólidas, enquanto que para um componente puro se forma apenas uma única fase. Devido a esta reação eutéctica, os diagramas de fase semelhantes aos da fig.-23 são denominados diagramas de fase eutéctica; os componentes que apresentam este comportamento constituem um sistema eutéctico. Na construção de diagramas de fases binárias, é importante compreender que uma ou, no máximo, duas fases podem estar em equilíbrio num campo de fases. Isto é válido para os diagramas de fase da fig.-22 (a) e 23. Para um sistema eutéctico, três fases (α, β e L) podem estar em equilíbrio, mas apenas em pontos ao longo da isotérmica eutéctica. Outra regra geral é que as regiões monofásicas são sempre separadas umas das outras por uma região bifásica que consiste nas duas fases simples que separa. Por exemplo, o campo α+ β está situado entre as regiões monofásicas α e β na fig.-23.

9. Equilíbrio de Soluto Interfacial

A micro-segregação, que é a distribuição não uniforme dos elementos de liga na escala do espaçamento dos braços de dendrite (DAS), é um dos fenómenos mais importantes durante a solidificação. Geralmente resulta na formação de algumas fases secundárias inesperadas que, em geral, reduzem a capacidade de trabalho dos produtos de fundição. Devido à sua importância industrial, a micro-segregação tem sido extensivamente estudada, tanto teórica como experimentalmente, durante as últimas décadas, tendo sido desenvolvidos vários modelos para prever a micro-segregação com diferentes graus de precisão.

A principal razão da micro-segregação é a termodinâmica da solidificação e, por conseguinte, o coeficiente de partição (k) é definido como [19],

$$k = \frac{C_s}{C_l} \tag{46}$$

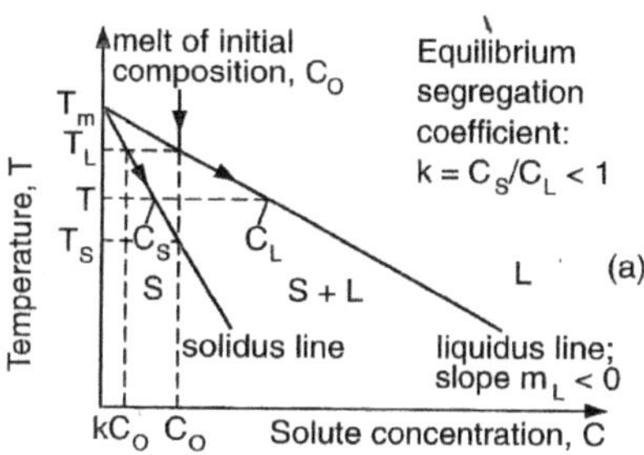

Fig.-24: Temperatura vs Concentração de Soluto [19]

em que C_s e C_l são as concentrações de átomos de soluto no sólido e no líquido na interface, respetivamente. Na maioria dos casos, k < 1 e os elementos de liga preferem permanecer no líquido durante a solidificação; a concentração de elementos de liga aumenta assim no líquido durante a solidificação. Na maioria das ligas binárias, dependendo da situação e das condições, tais como a composição ou a taxa de arrefecimento, a composição líquida pode atingir a composição eutéctica. Assim, algumas fases eutécticas fora do equilíbrio podem também ser formadas mesmo em ligas muito diluídas que deveriam ser solidificadas como uma liga de fase única. Os dois modelos básicos para a análise do processo de solidificação são as regras de alavanca de equilíbrio e de não-equilíbrio, que são simplesmente referidas como "a regra da alavanca" e "a equação de Scheil", respetivamente. Estes modelos continuam a ser amplamente utilizados em toda a literatura para comparação com resultados teóricos e/ou experimentais. A regra da alavanca e a equação de Scheil apresentam C_s e C_l para a micro-segregação, respetivamente. A equação de Scheil é definida como [19],

$$C_s = kC_0(1 - f_s)^{k-1} \tag{47}$$

onde, C_0 (C_l= C_0 a f_s=0) e f_s são a composição nominal e a fração de massa sólida da liga, respetivamente. Através da utilização da microanálise por sonda eletrónica (EPMA), foram elucidadas as imprecisões destes modelos e implementadas algumas correcções para obter uma melhor correlação com os resultados experimentais. As principais correcções incluíram considerações sobre a retrodifusão, o engrossamento e o subarrefecimento.

9.1. Efeito da difusão de soluto nas fases sólida e líquida durante a solidificação

A difusão de átomos de soluto nas fases sólida e líquida durante a solidificação tem um impacto profundo na microestrutura resultante, na composição e nas propriedades do material sólido. Aqui está uma descrição detalhada dos efeitos:

Fase líquida:

Homogeneização: A difusão de soluto na fase líquida facilita a homogeneização da fusão, promovendo a mistura de átomos de soluto. Isto assegura uma composição mais uniforme em todo o líquido antes da solidificação.

Nucleação e crescimento: Os átomos de soluto podem influenciar a nucleação, actuando como locais de nucleação heterogéneos ou homogéneos, afectando o número e a distribuição do tamanho dos cristais que se formam durante a solidificação. Além disso, a difusão do soluto afecta a cinética de crescimento destes cristais, influenciando o seu tamanho e morfologia.

Temperatura de solidificação: A presença de átomos de soluto pode alterar a temperatura de solidificação da massa fundida, conduzindo a alterações no comportamento de solidificação, tais como deslocar o diagrama de fases ou afetar a composição eutéctica.

Fase sólida:

Formação de soluções sólidas: Os átomos de soluto difundem-se na fase sólida durante a solidificação, levando à formação de soluções sólidas. Dependendo do seu tamanho e da sua compatibilidade química com os átomos do solvente, os solutos podem ocupar uma rede intersticial ou substitucional

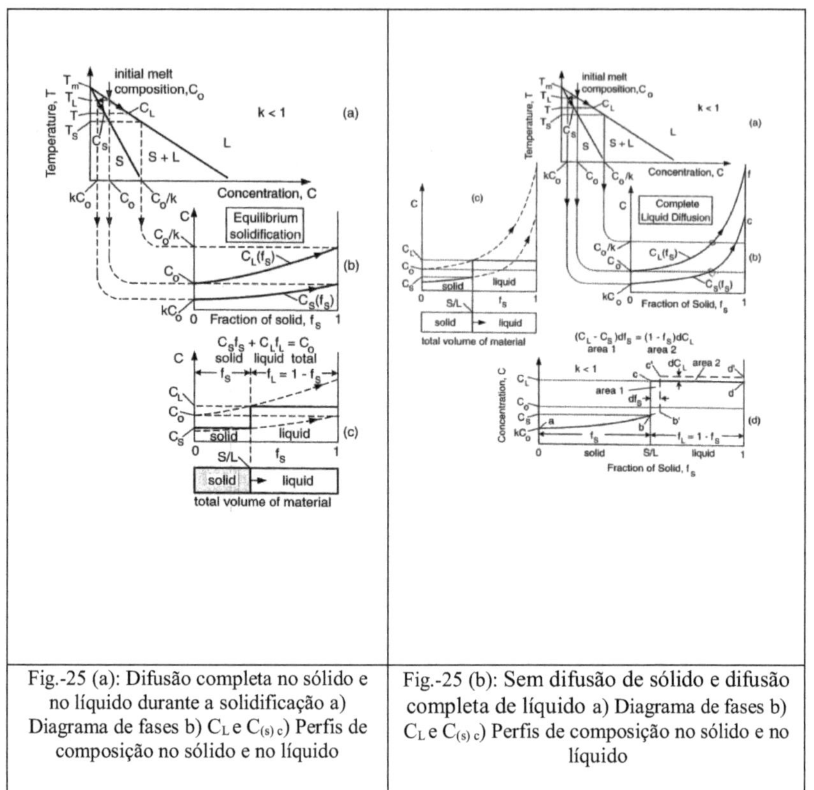

Fig.-25 (a): Difusão completa no sólido e no líquido durante a solidificação a) Diagrama de fases b) C_L e $C_{(s)}$ c) Perfis de composição no sólido e no líquido	Fig.-25 (b): Sem difusão de sólido e difusão completa de líquido a) Diagrama de fases b) C_L e $C_{(s)}$ c) Perfis de composição no sólido e no líquido

Fortalecimento da solução sólida: A presença de átomos de soluto em solução sólida pode levar ao fortalecimento da solução sólida, onde o movimento de deslocamentos dentro da rede cristalina é impedido, resultando em aumento da resistência e dureza do material sólido.

Segregação: Os átomos de soluto podem segregar-se preferencialmente em locais específicos dentro do material sólido, tais como limites de grão ou interfaces. Esta segregação pode levar à formação de bandas ou zonas de segregação com composição alterada, afectando as propriedades do material, como a resistência à corrosão e o comportamento mecânico.

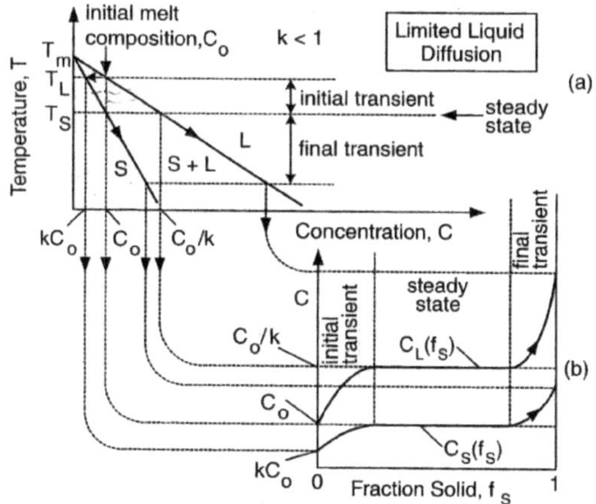

Fig.-26 (a): Solidificação com difusão limitada no líquido e sem difusão no sólido a) Diagrama de fases b) C_L e C_s

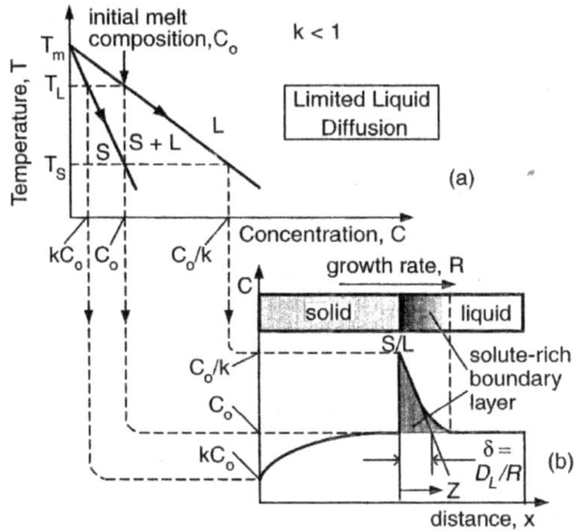

Fig.-26 (b): Solidificação com difusão limitada no líquido e sem difusão no sólido a) Diagrama de fases b) Camada limite rica em soluto

Transformação de fase: Os átomos de soluto podem influenciar as transformações de fase dentro do material sólido, como a estabilização ou desestabilização de certas fases ou a formação de novas fases com propriedades diferentes.

Em geral, a difusão de átomos de soluto nas fases sólida e líquida durante a solidificação é crucial para controlar a microestrutura, a composição e as propriedades do material sólido resultante. A compreensão e a manipulação dos processos de difusão de soluto são essenciais para adaptar as propriedades dos materiais de modo a satisfazer requisitos específicos em várias aplicações de engenharia e fabrico.

10. Super-arrefecimento térmico

As condições térmicas distribuem-se de forma grosseira quando se verifica uma acumulação suficiente do calor latente de cristalização libertado na interface. O calor libertado perturba agora o gradiente térmico. Embora exista um gradiente térmico positivo devido à superfície fria do molde, a evolução local do calor latente produz um gradiente de temperatura inverso na interface. Isto é ilustrado na fig.-27. Onde se observa uma zona de super-resfriamento térmico indicando puxões na massa fundida na interface ou adjacente a ela a temperaturas inferiores à temperatura de equilíbrio. Obviamente, o crescimento não ocorre devido ao avanço geral da frente plana, mas sim por processos de crescimento preferenciais nestes puxões sub-arrefecidos na massa fundida. O padrão de crescimento planar é perturbado porque a temperatura mínima no líquido fundido não é observada na interface. O crescimento da frente plana é impedido e o crescimento ocorre por outros meios. As deposições de outros átomos na superfície dos núcleos podem ocorrer em regiões de maior subarrefecimento, em vez de na interface. O super-resfriamento térmico influencia muito a estrutura final da massa fundida solidificada.

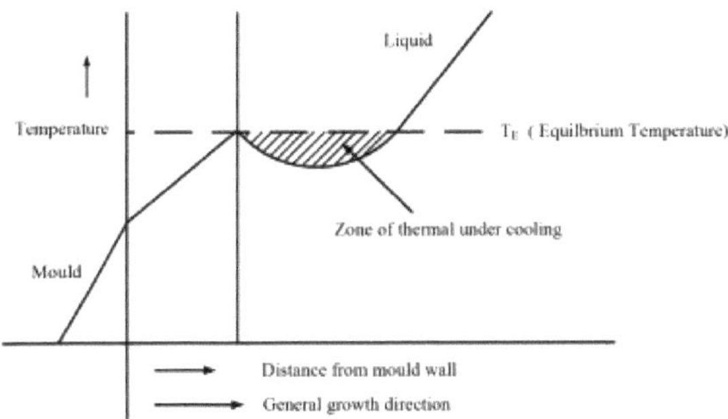

Fig.-27: Apresentação esquemática da geração de subarrefecimento térmico [20]

11. Super Cooling Constitucional

A Figura 6 apresenta a solidificação e, consequentemente, as mudanças de fase numa liga binária simples de 'A' e 'B'. Consideremos a liga de Co. A liga inicial depositada a partir de Co tem uma composição que confirma 'C_1'. Obviamente, "C_1" tem uma composição pertencente a "B" que é menor do que a da liga original "Co". Por conseguinte, à medida que o "$C_{(1)}$" se forma, o líquido residual enriquece ligeiramente em "B". Assim, à medida que a solidificação prossegue, o "B" é continuamente rejeitado para o líquido. Esta rejeição ocorre na interface sólido-líquido durante todo o processo de congelação. Cria-se, assim, um gradiente constitucional no líquido, sendo o soluto "B" continuamente rejeitado na interface. A concentração de "B" é máxima na interface e diminui gradualmente à medida que se avança para o interior do líquido fundido. Esta variação da composição é apresentada na Figura 7(a). A alteração da composição provoca uma alteração correspondente na temperatura de congelação de equilíbrio da liga, como se apresenta na Figura 7(b). Cada composição na curva de distribuição do soluto tem a sua temperatura de congelação de equilíbrio correspondente, uma vez que depende da composição correspondente de uma liga.

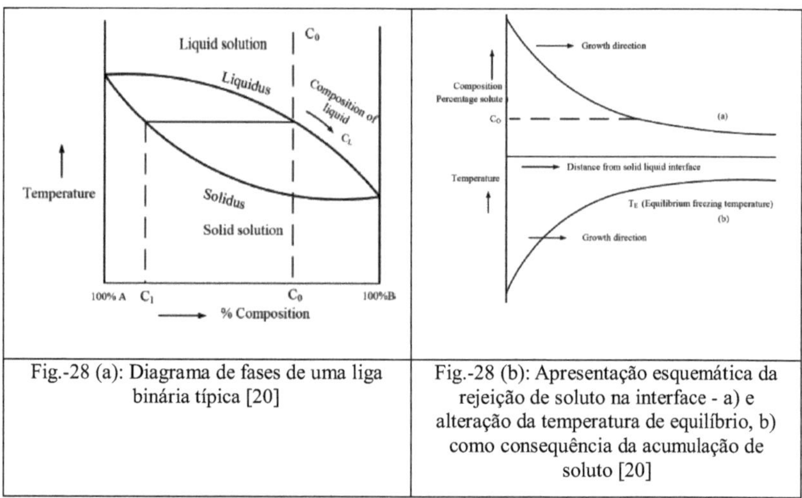

Fig.-28 (a): Diagrama de fases de uma liga binária típica [20]	Fig.-28 (b): Apresentação esquemática da rejeição de soluto na interface - a) e alteração da temperatura de equilíbrio, b) como consequência da acumulação de soluto [20]

A relação entre o gradiente de temperatura real (existente) na massa fundida e a temperatura de congelação de equilíbrio, como consequência de alterações na composição da liga fundida, é ilustrada na Figura 8. A Figura 8 ilustra claramente que, antes de a temperatura real (existente) baixar consideravelmente para que ocorra o crescimento, existe uma poça de fusão onde se pode observar um superarrefecimento considerável em pontos mais afastados da fusão. Nesta poça de líquido super-arrefecido, as condições são mais favoráveis à congelação do que na interface. Esta condição é referida como super-arrefecimento constitucional.

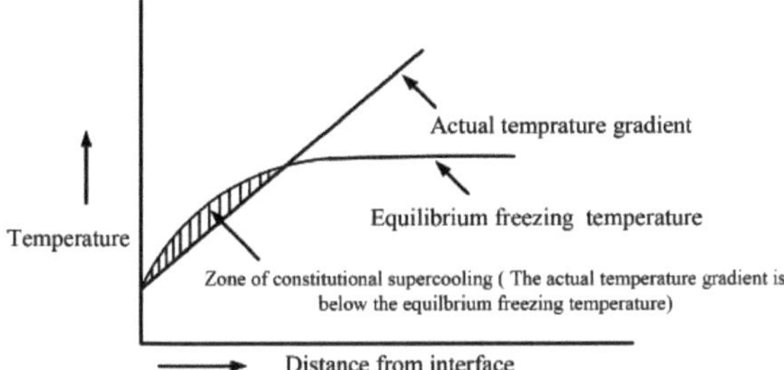

Fig.-29: Apresentação esquemática do super-resfriamento constitucional como conseqüência da rejeição de soluto na interface e a resultante alternância na temperatura de equilíbrio de congelamento [20]

12. Diagramas de fase

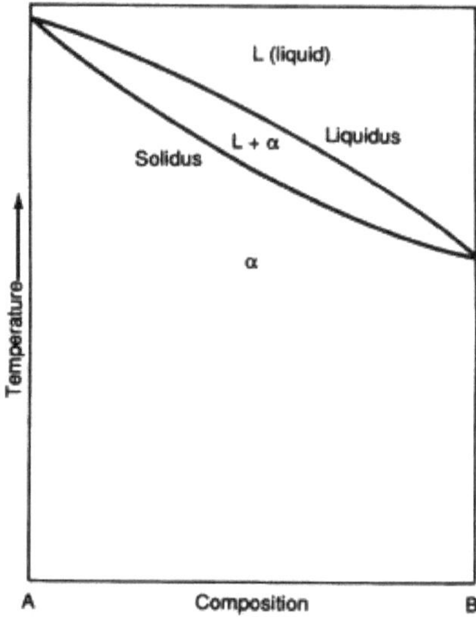

Fig.-30: Diagrama esquemático de fases binárias mostrando miscibilidade nos estados líquido e sólido [21]

As formas das curvas (ou superfícies) liquidus, solidus e solvus num diagrama de fases são determinadas pelas energias livres de Gibbs das fases relevantes. Neste caso, a energia livre deve incluir não só a energia dos componentes constituintes, mas também a energia de mistura destes componentes na fase. Considere, por exemplo, a situação de miscibilidade completa mostrada na fig.-30. As duas fases, líquida e sólida, estão em equilíbrio estável no campo bifásico entre as linhas liquidus e solidus. As energias livres de Gibbs a várias temperaturas são calculadas em função da composição para soluções líquidas ideais e para soluções sólidas ideais dos dois componentes, A e B. O resultado é uma série de gráficos semelhantes aos apresentados na fig.-31 (a) a (e):

- À temperatura T1, a solução líquida tem a energia livre de Gibbs mais baixa e, portanto, é a fase mais estável.

- Em T2, a temperatura de fusão de A, o líquido e o sólido são igualmente estáveis apenas numa composição de A puro. O restante da solução ainda é líquido.
- À temperatura T3, entre as temperaturas de fusão de A e B, as curvas de energia livre de Gibbs cruzam-se. Dependendo da composição, existem campos de líquido, líquido + sólido α, e sólido α.
- À temperatura T4, a temperatura de fusão de B, o líquido e o sólido de B puro são igualmente estáveis. Com exceção do B puro, o resto da solução é agora um sólido α.
- À temperatura T5 e a todas as temperaturas inferiores, a curva de energia livre para o sólido α é inferior à curva para o líquido, e toda a solução é sólida α.

A construção do campo bifásico líquido + sólido do diagrama de fases da fig.-31 (f) é a seguinte. De acordo com os princípios termodinâmicos, as composições das duas fases em equilíbrio entre si à temperatura T3 podem ser determinadas através da construção de uma linha reta tangente a ambas as curvas da fig.-31 (c). Os pontos de tangência, 1 e 2, são então transferidos para o diagrama de fases como pontos no solidus e liquidus, respetivamente. Este processo é repetido a temperaturas suficientes para determinar as curvas com exatidão.

O campo de duas fases na fig.-31 (f) consiste numa mistura de fases líquida e sólida. Como referido anteriormente, as composições das duas fases em equilíbrio à temperatura T3 são C1 e C2. A linha isotérmica horizontal que liga os pontos 1 e 2, onde estas composições intersectam a temperatura T3, é a linha de ligação. Linhas de ligação semelhantes conectam as fases coexistentes em todos os campos (áreas) de duas fases em sistemas binários, enquanto triângulos de ligação conectam as fases coexistentes em todas as regiões (volumes) de três fases em sistemas ternários.

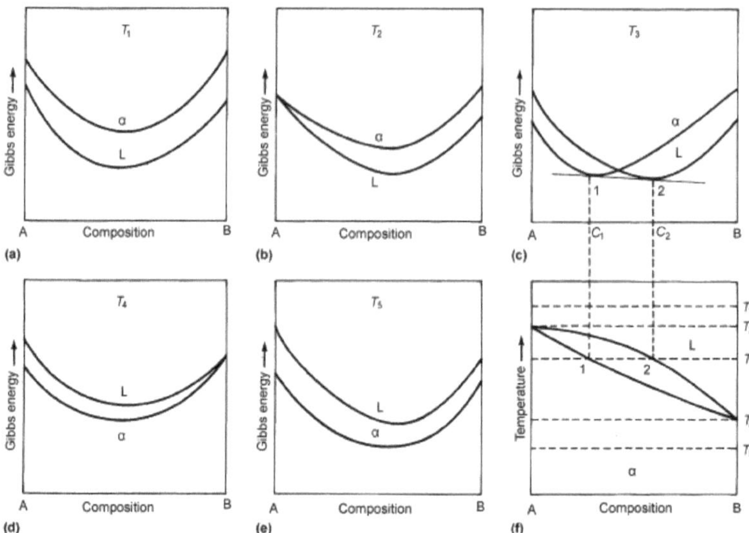

Fig.-31: Utilização das curvas de energia de Gibbs para construir um diagrama de fase binária que mostra miscibilidade nos estados líquido e sólido [21]

Os diagramas de fases eutécticas, cuja caraterística é um campo onde existe uma mistura de duas fases sólidas, também podem ser construídos a partir de curvas de energia livre de Gibbs. Consideremos as temperaturas indicadas no diagrama de fases da fig.-32 (f) e as curvas de energia livre de Gibbs para estas temperaturas (fig.-32 a-e). Quando os pontos de tangência nas curvas de energia são transferidos para o diagrama, resulta a forma típica de um sistema eutéctico. A mistura de sólidos α e β que se forma no arrefecimento através do eutéctico (Ponto 10 na fig.-32 f), tem uma microestrutura especial.

Os diagramas de fases binárias que têm reacções trifásicas diferentes da reação eutéctica, bem como os diagramas com reacções trifásicas múltiplas, também podem ser construídos a partir de curvas de energia livre de Gibbs apropriadas. Do mesmo modo, as superfícies de energia livre de Gibbs e os planos tangenciais podem ser utilizados para construir diagramas de fase ternários.

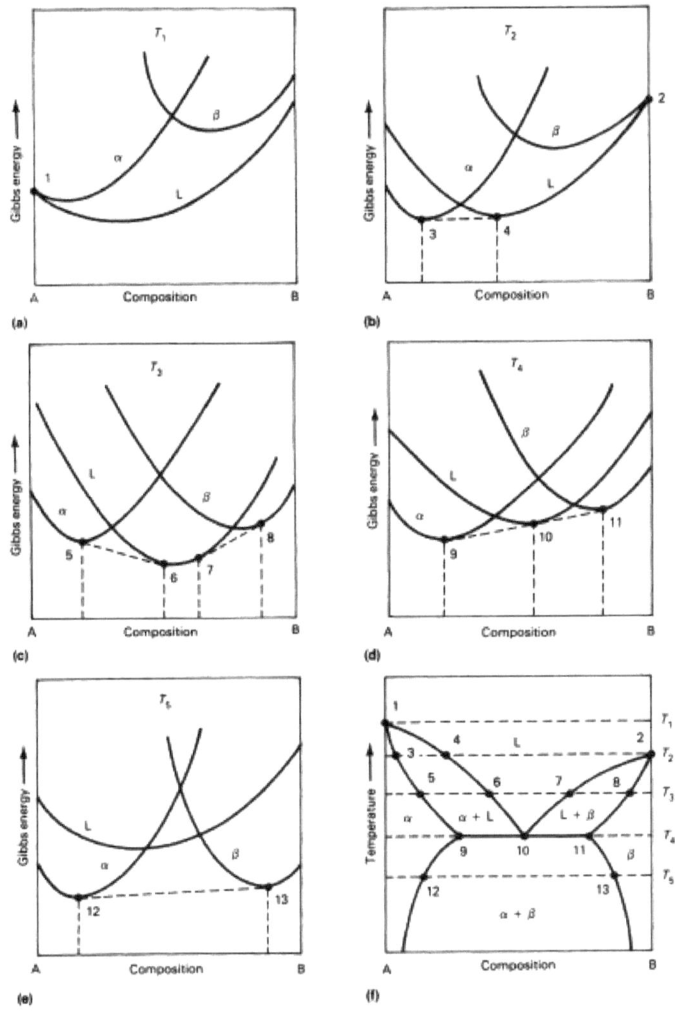

Fig.-32: Utilização das curvas de energia de Gibbs para construir um diagrama de fase binário do tipo eutéctico [21]

13. Referências

1. *P. K. Galenko, V. Ankudinov, K. Reuther, M. Rettenmayr, A. Salhoumi e E. V. Kharanzhevskiy: Termodinâmica da solidificação rápida e cinética de crescimento de cristais em ligas de formação de vidro. Transacções Filosóficas da Sociedade Real A: Ciências Matemáticas, Físicas e de Engenharia **377**(2143), 20180205 (2019).*
2. *L. Zhao, Z. Li, Y. Gao, H. Bo, Y. Liu, e L.-M. Wang: Termodinâmica das solidificações de equilíbrio e sem partição em ligas eutéticas binárias formadoras de vidro. Intermetálicos **71**, 18 (2016).*
3. *H. Wang, X. Zhang, C. Lai, W. Kuang e F. Liu: Princípios termodinâmicos para modelagem de campo de fase da solidificação de ligas. Opinião Atual em Engenharia Química 7, 6 (2015).*
4. *A. Salhoumi e P. K. Galenko: condição de Gibbs-Thomson para a interface em movimento rápido num sistema binário. Physica A: Mecânica Estatística e suas Aplicações **447**, 161 (2016).*
5. *V. Laxmanan: The Gibbs-Thomson effect during cellular and dendritic solidification. Scripta Materialia **37**(7), 955 (1997).*
6. *D. V. Alexandrov, D. A. Danilov e P. K. Galenko: Critério de seleção de um crescimento estável de dendrite em solidificação rápida. Revista Internacional de Transferência de Calor e Massa **101**, 789 (2016).*
7. *D. V. Alexandrov e P. K. Galenko: Modo selecionado para dendrite em forma de agulha de crescimento rápido controlada pelo transporte de calor e massa. Ata Materialia **137**, 64 (2017).*
8. *X. Xu, Y. Hao, Q. Wu, R. Dong, Y. Zhao e H. Hou: Mecanismos de refinamento da microestrutura na solidificação sub-resfriada de ligas binárias e ternárias à base de níquel. Journal of Materials Research and Technology **24**, 737 (2023).*
9. *W. J. Boettinger, S. R. Coriell, e R. F. Sekerka: Mechanisms of microsegregation-free solidification (Mecanismos de solidificação sem microssegregação). Materials Science and Engineering **65**(1), 27 (1984).*

10. *S. LI, Y. ZHANG, K. WANG e F. LIU: Modelagem cinética de interface da solidificação de ligas binárias considerando a correlação entre termodinâmica e cinética. Transações da Sociedade de Metais Não Ferrosos da China **31** (1), 306 (2021).*

11. *D. M. Stefanescu: Science and Engineering of Casting Solidification (Springer, 2015).*

12. *H. Fredriksson e U. Åkerlind: Solidification and Crystallization Processing in Metals and Alloys (John Wiley & Sons, 2012).*

13. *H. Biloni e W. J. Boettinger: SOLIDIFICAÇÃO. Physical Metallurgy 669 (1996).*

14. *R. E. Smallman e A. H. W. Ngan: Solidificação. Metalurgia Física Moderna 93 (2014).*

15. *A. Ghosh: Textbook Of Materials And Metallurgical Thermodynamics (PHI Learning Pvt. Ltd., 2002).*

16. *D. A. Porter, K. E. Easterling, e M. Y. Sherif: Phase Transformations in Metals and Alloys (CRC Press, 2021).*

17. *P. Gille: SOLIDIFICAÇÃO. Série de livros sobre ligas metálicas complexas 73 (2008).*

18. *W. D. Callister e D. G. Rethwisch: Callister's Materials Science and Engineering (John Wiley & Sons, 2020).*

19. M. H. Avazkonandeh-Gharavol, M. Haddad-Sabzevar, e H. Fredriksson: Efeito do coeficiente de partição na microssegregação durante a solidificação de ligas de alumínio. *International Journal of Minerals, Metallurgy, and Materials* **21**(10), 980 (2014).

20. U. Kumar Mohanty e H. Sarangi: Solidificação de Metais e Ligas. *Processos de fundição e modelação de materiais metálicos* (2021).

21. F. C. Campbell: Diagramas de fase (ASM International, 2012).

Printed by Books on Demand GmbH, Norderstedt / Germany